Alois Einhauser
Christian Hörter

Formelsammlung
Mathematik
Physik

W0172378

Cornelsen

Herstellung: Wolf-Dieter Stark
Technische Zeichnungen: Ulrich Sengebusch, Geseke
Technische Umsetzung: Universitätsdruckerei H. Stürtz AG, Würzburg

1. Auflage ✔   Druck 4 3 2 1   Jahr 2000 99 98 97

Druck: Cornelsen Druck, Berlin

ISBN 3-464-53143-0

Bestellnummer 531430

gedruckt auf säurefreiem Papier, umweltschonend
hergestellt aus chlorfrei gebleichten Faserstoffen

Inhalt

ALGEBRA 7 Mengen 7; Grundrechenarten 8; Auswahl Rechengesetze 8; Rechenregeln 8; Potenzen 9; Wurzeln 10; Logarithmus 11; Äquivalenzumformungen 12; Lineares Gleichungssystem 12; Quadratische Gleichungen 13

A

FUNKTIONEN 15 Direkte und indirekte Proportionalität 15; Lineare Funktionen 17; Quadratische Funktionen 20; Potenzfunktionen 21; Exponentialfunktionen 24; Logarithmusfunktionen 24; Trigonometrische Funktionen 25

B

TRIGONOMETRIE 28 Sinus, Kosinus, Tangens 28; sin, cos, tan im rechtwinkligen Dreieck 32; Sätze im allgemeinen Dreieck 32

C

GEOMETRIE 33 Winkel an Geraden 33; Ortslinien 34; Dreiecke 37; Vierstreckensatz 41; Besondere Dreiecke 42; Vierecke 44; Kreis 48; Körper 49

D

VEKTOREN 54

E

ABBILDUNGEN 58 Achsenspiegelung 58; Drehung 59; Punktspiegelung 60; Parallelverschiebung 61; Zentrische Streckung 62; Scherung 63; Orthogonale Affinität 64

F

AUSWAHL PHYSIKALISCHER GRÖSSEN 65

G

AUSWAHL PHYSIKALISCHER GESETZMÄSSIGKEITEN 68
Kräfte 68; Bewegungen 69; Flüssigkeiten und Gase 70; Optik 71; Wärmelehre 73; Elektrizität 74; Energie 76; Radioaktiver Zerfall 79

H

TABELLEN 81 Eigenschaften verschiedener Stoffe 81; Chemische Elemente 86; Periodensystem der Elemente 87; Halbwertszeiten und Zerfallsart radioaktiver Elemente 88; Energieeinheiten und Energieträger 89; Rahmendaten für die Energieversorgung 90; Internationale Einheiten 91; Nützliche Zahlen und Konstanten 92; Auswahl der Schaltzeichen 93; Farbcode für Widerstände 94; Vielfache und Teile von Einheiten 94

I

Auswahl mathematischer Zeichen und Abkürzungen

$=$	gleich	$\neq$	ungleich
$\approx$	ungefähr gleich	$\triangleq$	entspricht
$\cong$	kongruent	$\sim$	ähnlich bzw. direkt proportional
$>$	größer	$\geqq$	größer oder auch gleich
$<$	kleiner	$\leqq$	kleiner oder auch gleich
$\wedge$	und zugleich	$\vee$	oder auch
$\cap$	geschnitten mit	$\cup$	vereinigt mit
$\Rightarrow$	wenn ..., dann ...	$\Leftrightarrow$	äquivalent; ... genau dann ..., wenn

$|a|$ absoluter Betrag von a

$$|a| = \begin{cases} a & \text{für } a \geqq 0 \\ -a & \text{für } a < 0 \end{cases}$$

$\begin{vmatrix} a & b \\ c & d \end{vmatrix}$ (zweireihige) Determinante

$$\begin{vmatrix} a & b \\ c & d \end{vmatrix} = a \cdot d - c \cdot b$$

$\begin{pmatrix} a & b \\ c & d \end{pmatrix}$ (zweispaltige) Matrix

$\mathbb{G}$	Grundmenge	$\mathbb{L}$	Lösungsmenge
$\mathbb{D}$	Definitionsmenge	$\mathbb{W}$	Wertemenge
$\in$	ist Element von	$\notin$	ist nicht Element von
$\subseteq$	ist Teilmenge von	$\subset$	ist echte Teilmenge von

$[z_1; z_2]$	abgeschlossenes Intervall als Teilmenge von $\mathbb{G}$: $\{x \mid z_1 \leqq x \leqq z_2\}$
$[z_1; z_2[$	halboffenes Intervall als Teilmenge von $\mathbb{G}$: $\{x \mid z_1 \leqq x < z_2\}$
$]z_1; z_2]$	halboffenes Intervall als Teilmenge von $\mathbb{G}$: $\{x \mid z_1 < x \leqq z_2\}$
$]z_1; z_2[$	offenes Intervall als Teilmenge von $\mathbb{G}$: $\{x \mid z_1 < x < z_2\}$
$\emptyset$	leere Menge

$\mathbb{N}$	Menge der natürlichen Zahlen $\{1; 2; 3; ...\}$
$\mathbb{N}_0$	Menge der natürlichen Zahlen einschließlich 0 $\{0; 1; 2; 3; ...\}$
$\mathbb{Z}$	Menge der ganzen Zahlen $\{ ...; -3; -2; -1; 0; 1; 2; 3; ...\}$
$\mathbb{Q}$	Menge der rationalen Zahlen $\left\{-4{,}5; -3; -\dfrac{1}{3}; 0; \dfrac{1}{3}; 2{,}54\right\} \subset \mathbb{Q}$

$\mathbb{R}$	Menge der reellen Zahlen $\left\{-4{,}5;\ -\sqrt{2};\ -\dfrac{1}{3};\ 0;\ \dfrac{1}{3};\ \sqrt{2};\ \pi\right\} \subset \mathbb{R}$
$\mathbb{R}^+$	Menge der positiven reellen Zahlen $\left\{\dfrac{1}{3};\ \sqrt{2};\ 2{,}54;\ \pi\right\} \subset \mathbb{R}^+$
$\mathbb{R}_0^+$	Menge der positiven reellen Zahlen einschließlich der Null
$\mathbb{R}^-$	Menge der negativen reellen Zahlen $\left\{-\pi;\ -\sqrt{2};\ -\dfrac{1}{3};\ -0{,}2\right\} \subset \mathbb{R}^-$

$\parallel$	parallel zu $\qquad\qquad\qquad\perp$ senkrecht zu
AB	Gerade durch die Punkte A und B
$[AB$	Halbgerade mit dem Anfangspunkt A durch den Punkt B
$[AB]$	abgeschlossene Strecke als Punktmenge mit den Endpunkten A und B
$\overline{AB}$	Länge der Strecke $[AB]$
$[AB[$	halboffene Strecke als Punktmenge mit dem Endpunkt A und ohne den Endpunkt B
$]AB[$	offene Strecke als Punktmenge ohne die Endpunkte A und B
$\overset{\frown}{AB}$	Kreisbogen von A nach B in positiver Orientierung (entgegen dem Uhrzeigersinn)
$\triangle\,ABC$	Dreieck ABC
$\sphericalangle\,ASB$	Winkel ASB bzw. Maß des Winkels ASB (S: Scheitel; $[SA$: erster Schenkel; $[SB$: zweiter Schenkel)
$d\,(P;\,g)$	Abstand des Punktes P von der Geraden g
$m_{[AB]}$	Mittelsenkrechte zur Strecke $[AB]$
$w_{\sphericalangle\,ASB}$	Winkelhalbierende des Winkels ASB
h_c	Höhe im Dreieck zur Seite c
s_c	Seitenhalbierende im Dreieck zur Seite c
$A(x)$	Fläche (Inhalt) in Abhängigkeit von x
A_0	Oberfläche (Inhalt)
$V(x)$	Volumen (Inhalt) in Abhängigkeit von x

Griechische Buchstaben

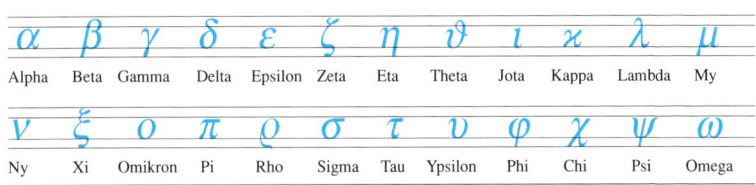

α	β	γ	δ	ε	ζ	η	ϑ	ι	$\varkappa$	λ	μ
Alpha	Beta	Gamma	Delta	Epsilon	Zeta	Eta	Theta	Jota	Kappa	Lambda	My

ν	ξ	o	π	ϱ	σ	τ	υ	φ	χ	ψ	ω
Ny	Xi	Omikron	Pi	Rho	Sigma	Tau	Ypsilon	Phi	Chi	Psi	Omega

Mengen

Bezeichnung	Beispiele für Zahlenmengen	Beispiele für Punktmengen
Schnittmenge $M_1 \cap M_2$ „M_1 geschnitten mit M_2" (Menge aller Elemente, die in M_1 und zugleich in M_2 sind.)	$\{1; 2; 3; 4; 5\} \cap \{0; 2; 4\}$ $\quad = \{2; 4\}$ $\{x\,|\,x \geqq 2\} \cap \{x\,|\,x \leqq 10\}$ $\quad = \{x\,|\,2 \leqq x \leqq 10\}$	 $M_1 \cap M_2$
Vereinigungsmenge $M_1 \cup M_2$ „M_1 vereinigt mit M_2" (Menge aller Elemente, die in M_1 oder auch M_2 enthalten sind.)	$\{1; 2; 3; 4; 5\} \cup \{0; 2; 4;$ $6; 8\}$ $\quad = \{0; 1; 2; 3; 4; 5; 6; 8\}$ $\{x\,|\,x > 5\} \cup \{x\,|\,x \geqq 4\}$ $\quad = \{x\,|\,x \geqq 4\}$	 $M_1 \cup M_2$
Differenzmenge $M_1 \setminus M_2$ „M_1 ohne M_2" (Menge aller Elemente, die in M_1 sind und zugleich nicht in M_2.)	$\{1; 2; 3; 4; 5;\} \setminus \{2; 4\}$ $\quad = \{1; 3; 5\}$ $\mathbb{R} \setminus \{0\}$ Menge aller reellen Zahlen ohne die Zahl 0.	 $A \quad B \quad C \quad D$ $[AD] \setminus [BC] = [AB[\cup]CD]$
Produktmenge $M_1 \times M_2$ „M_1 kreuz M_2" (Menge aller geordneten Paare $(x\,|\,y)$ mit $x \in M_1$ und $y \in M_2$)	$\{2; 3; 4\} \times \{1; 2\}$ $\quad = \{(2|1); (2|2); (3|1);$ $\quad\quad (3|2); (4|1); (4|2)\}$	
Teilmenge $M_1 \subseteq M_2$ „M_1 ist Teilmenge von M_2" ($M_1 \subseteq M_2$, wenn jedes Element aus M_1 auch in M_2 enthalten ist.) $M_1 \subseteq M_2 \wedge M_1 \neq M_2$ $\Leftrightarrow M_1 \subset M_2$ „M_1 ist echte Teilmenge von M_2".	$\{1; 2; 3\} \subseteq \{0; 1; 2; 3;$ $4; 5\}$ Vorsicht: $\{1; 2; 3\} \nsubseteq \{0; 1; 2; 4; 5\}$	 $M_1 \subseteq M_2$

Grundrechenarten

Addition	$a + b$	(Summe)	a	Summand	b	Summand
Subtraktion	$a - b$	(Differenz)	a	Minuend	b	Subtrahend
Multiplikation	$a \cdot b$	(Produkt)	a	Faktor	b	Faktor
Division	$\dfrac{a}{b}$	(Quotient)	a	Dividend	$b\ (\neq 0)$	Divisor (Division durch 0 ist nicht definiert!)

Auswahl von Rechengesetzen in $\mathbb{R}$

	Addition	Multiplikation
Kommutativgesetz	$a + b \qquad = b + a$	$a \cdot b \qquad = b \cdot a$
Assoziativgesetz	$(a + b) + c = a + (b + c)$	$(a \cdot b) \cdot c = a \cdot (b \cdot c)$
Distributivgesetz	$(a + b) \cdot c = a \cdot c + b \cdot c$	

Rechenregeln

Auflösen von Klammern

$$a + (b + c - d + e) = a + b + c - d + e$$

$$a - (b + c - d + e) = a - b - c + d - e$$

Ausmultiplizieren

$$a \cdot (b + c + d) = a \cdot b + a \cdot c + a \cdot d$$

Ausklammern

$$a \cdot b + a \cdot c + a \cdot d + a = a \cdot (b + c + d + 1)$$

Multiplikation von Summen

$$(a + b) \cdot (c + d) = a \cdot c + a \cdot d + b \cdot c + b \cdot d$$

$$(a + b) \cdot (c + d + e) = a \cdot c + a \cdot d + a \cdot e + b \cdot c + b \cdot d + b \cdot e$$

Binomische Formeln

$(a + b)^2 = a^2 + 2ab + b^2$ ·······▶ $(x + 1)^2 = x^2 + 2x + 1$

$(a - b)^2 = a^2 - 2ab + b^2$ $(2x - 5)^2 = 4x^2 - 20x + 25$

$(a + b) \cdot (a - b) = a^2 - b^2$ $(x + 3) \cdot (x - 3) = x^2 - 9$

A

Potenzen

▶ Potenzfunktionen S. 21

a^n : Potenz (a hoch n) a: Basis n: Exponent

Definitionen

$a^n = \underbrace{a \cdot a \cdot a \cdot \ldots a \cdot a}_{n \text{ Faktoren}}$ $(a \in \mathbb{R};\ n \in \mathbb{N} \setminus \{1\})$

$a^1 = a$ $(a \in \mathbb{R})$

$a^0 = 1$ $(a \in \mathbb{R} \setminus \{0\})$

$a^{-n} = \dfrac{1}{a^n}$ $(a \in \mathbb{R} \setminus \{0\};\ n \in \mathbb{N})$ ·····▶ $3^{-2} = \dfrac{1}{3^2} = \dfrac{1}{9}$

$$\left(\frac{2}{5}\right)^{-2} = \left(\frac{5}{2}\right)^2 = \frac{25}{4}$$

$a^{\frac{1}{n}} = \sqrt[n]{a}$ $(a \in \mathbb{R}_0^+;\ n \in \mathbb{N})$

$a^{\frac{m}{n}} = \sqrt[n]{a^m}$ $(a \in \mathbb{R}_0^+;\ m \in \mathbb{N};\ n \in \mathbb{N})$

$a^{-\frac{m}{n}} = \dfrac{1}{a^{\frac{m}{n}}} = \dfrac{1}{\sqrt[n]{a^m}}$ $(a \in \mathbb{R}^+;\ n \in \mathbb{N};\ m \in \mathbb{N})$

Anmerkung: Für einen irrationalen Exponenten k lässt sich ein beliebig genauer Näherungswert $\dfrac{m}{n}$ finden und somit ein beliebig genauer Näherungswert für a^k.

      ·····▶ $3^{\sqrt{2}} \approx 3^{1,414} \approx 4,728$

Rechnen mit Potenzen

Für $a, b \in \mathbb{R} \setminus \{0\}$; $n, m \in \mathbb{Z}$ (bzw. $a, b \in \mathbb{R}^+$; $n, m \in \mathbb{R}$) gilt:

A

gleiche Basis: ① $a^n \cdot a^m = a^{n+m}$ ② $\dfrac{a^n}{a^m} = a^{n-m}$

gleicher Exponent: ③ $a^n \cdot b^n = (a \cdot b)^n$ ④ $\dfrac{a^n}{b^n} = \left(\dfrac{a}{b}\right)^n$

Potenzieren: ⑤ $(a^n)^m \;= a^{n \cdot m}$

Wurzeln

▶ Potenzen S. 9

$\sqrt[n]{a}$: n-te Wurzel aus a a: Radikand n: Wurzelexponent

Definitionen

$\sqrt[n]{a}$ ist die nichtnegative Lösung der Gleichung

     $x^n = a$ ($\mathbb{G} = \mathbb{R}$; $a \in \mathbb{R}_0^+$; $n \in \mathbb{N}$)

Sonderfall: Quadratwurzel ($n = 2$)

$\sqrt{a}$ ist die nichtnegative Lösung der Gleichung

     $x^2 = a$ ($\mathbb{G} = \mathbb{R}$; $a \in \mathbb{R}_0^+$)   ┈┈▶ $\sqrt{(-2)^2} = \sqrt{4} = +2$

Rechnen mit Wurzeln

Für $a, b \in \mathbb{R}_0^+$; $m, n \in \mathbb{N}$ gilt:

Potenzieren: ① $\left(\sqrt[n]{a}\right)^m \;= \sqrt[n]{a^m}$

Radizieren: ② $\sqrt[m]{\sqrt[n]{a}} \;= \sqrt[m \cdot n]{a}$

Multiplizieren: ③ $\sqrt[n]{a} \cdot \sqrt[n]{b} = \sqrt[n]{a \cdot b}$

Dividieren: ④ $\dfrac{\sqrt[n]{a}}{\sqrt[n]{b}} \;= \sqrt[n]{\dfrac{a}{b}}$ ($b \in \mathbb{R}^+$)

Logarithmus

▶ Logarithmusfunktionen S. 24

$\log_a b$: Logarithmus von b zur Basis a

Definition

$\log_a b$ ist die Lösung der Gleichung $a^x = b$ ($\mathbb{G} = \mathbb{R}$; $a \in \mathbb{R}^+ \setminus \{1\}$; $b \in \mathbb{R}^+$)

Es gilt also: $a^{\log_a b} = b$ ·····▶ $\log_3 9 = 2$ $\log_3 1 = 0$ $\log_2 \left(\dfrac{1}{2} \right) = -1$

Sonderfall: Logarithmus zur Basis 10 (Dekadischer Logarithmus)

$\log_{10} b = \lg b$ ·····▶ $\lg 10000 = 4$
$\lg 0,1 \quad = -1$

Rechnen mit Logarithmen

Berechnung von Logarithmen mit beliebiger Basis

$$\log_a b = \frac{\lg b}{\lg a} \qquad \cdots\cdots\blacktriangleright \qquad \log_2 5 = \frac{\lg 5}{\lg 2} \approx 2{,}322$$

Für $a \in \mathbb{R}^+ \setminus \{1\}$; $b, c \in \mathbb{R}^+$; $k \in \mathbb{R}$ gilt:

① $\log_a (b \cdot c) = \log_a b + \log_a c$ ·····▶ $\log_2 (4 \cdot 2) = \log_2 4 + \log_2 2$

② $\log_a \left(\dfrac{b}{c} \right) = \log_a b - \log_a c$ ·····▶ $\log_2 \left(\dfrac{4}{2} \right) = \log_2 4 - \log_2 2$

③ $\log_a (b^k) = k \cdot \log_a b$ ·····▶ $\log_2 (4^2) = 2 \cdot \log_2 4$

Äquivalenzumformungen von Gleichungen und Ungleichungen

A

Äquivalenzumformung von	
Gleichungen	Ungleichungen
① beidseitige Addition eines Terms	① beidseitige Addition eines Terms
② beidseitige Subtraktion eines Terms	② beidseitige Subtraktion eines Terms
③ beidseitige Multiplikation mit einem Term ($\neq 0$)	③ beidseitige Multiplikation mit einem Term > 0
④ beidseitige Division durch einen Term ($\neq 0$)	④ beidseitige Division durch einen Term > 0
	⑤ beidseitige Multiplikation/ Division mit einem Term < 0 und gleichzeitiges Umkehren des Ungleichheitszeichens (Inversionsgesetz) $\quad\quad -2x > 6 \mid : (-2)$ $\quad\quad \Leftrightarrow \ x < -3$

Lineares Gleichungssystem

$$\begin{vmatrix} a_1 \cdot x + b_1 \cdot y = c_1 \\ \wedge\ a_2 \cdot x + b_2 \cdot y = c_2 \end{vmatrix} \quad (\mathbb{G} = \mathbb{R} \times \mathbb{R};\ a_1, b_1, a_2, b_2 \in \mathbb{R} \setminus \{0\};\ c_1, c_2 \in \mathbb{R})$$

$$D_N = \begin{vmatrix} a_1 & b_1 \\ a_2 & b_2 \end{vmatrix} = a_1 \cdot b_2 - a_2 \cdot b_1$$

$$D_x = \begin{vmatrix} c_1 & b_1 \\ c_2 & b_2 \end{vmatrix} = c_1 \cdot b_2 - c_2 \cdot b_1$$

$$D_y = \begin{vmatrix} a_1 & c_1 \\ a_2 & c_2 \end{vmatrix} = a_1 \cdot c_2 - a_2 \cdot c_1$$

Eine Lösung	Keine Lösung	Unendlich viele Lösungen
wenn $D_N \neq 0$ $$\mathbb{L} = \left\{ \left(\frac{D_x}{D_N} \;\middle|\; \frac{D_y}{D_N} \right) \right\}$$	wenn $D_N = 0$ und $(D_x \neq 0 \lor D_y \neq 0)$ $$\mathbb{L} = \emptyset$$	wenn $D_N = 0$ und $(D_x = 0 \land D_y = 0)$ $$\mathbb{L} = \{(x\,|\,y)\,|\,a_1 \cdot x + b_1 \cdot y = c_1\}$$

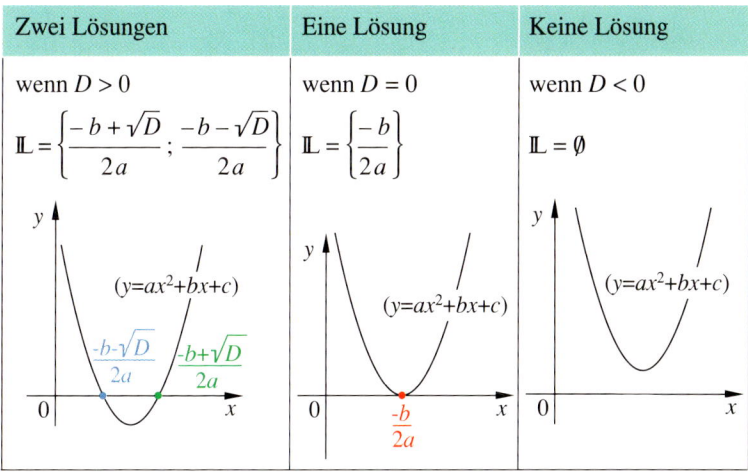

Quadratische Gleichungen

▶ Quadratische Funktionen S. 20

Allgemeine Form $\quad ax^2 + bx + c = 0 \quad (a \in \mathbb{R} \setminus \{0\};\ b, c \in \mathbb{R};\ \mathbb{G} = \mathbb{R})$

Diskriminante $\quad D = b^2 - 4\,ac$

Zwei Lösungen	Eine Lösung	Keine Lösung
wenn $D > 0$ $$\mathbb{L} = \left\{ \frac{-b + \sqrt{D}}{2a} \;;\; \frac{-b - \sqrt{D}}{2a} \right\}$$	wenn $D = 0$ $$\mathbb{L} = \left\{ \frac{-b}{2a} \right\}$$	wenn $D < 0$ $$\mathbb{L} = \emptyset$$

Normalform der quadratischen Gleichung

$x^2 + px + q = 0$ ($p; q \in \mathbb{R}$; $\mathbb{G} = \mathbb{R}$)

A

Diskriminante $D = \left(\dfrac{p}{2}\right)^2 - q$

Zwei Lösungen	Eine Lösung	Keine Lösung
wenn $D > 0$	wenn $D = 0$	wenn $D < 0$
$\mathbb{L} = \left\{\dfrac{-p}{2} + \sqrt{D}; \dfrac{-p}{2} - \sqrt{D}\right\}$	$\mathbb{L} = \left\{\dfrac{-p}{2}\right\}$	$\mathbb{L} = \emptyset$

Satz von Vieta

Sind x_1 und x_2 die Lösungen der Gleichung $x^2 + px + q = 0$, so gilt:
$(x - x_1) \cdot (x - x_2) = x^2 + px + q$, also $p = -(x_1 + x_2) \wedge q = x_1 \cdot x_2$.

MATHEMATIK

FUNKTIONEN

Eine Teilmenge R einer Produktmenge $M_1 \times M_2$ heißt **Relation** zwischen M_1 und M_2.

Die Menge aller ersten Komponenten einer Relation bildet die **Definitionsmenge** $\mathbb{D}\,(x)$, die Menge aller zweiten Komponenten die **Wertmenge** $\mathbb{W}\,(y)$. Eine Relation heißt **Funktion**, wenn jedem Element aus $\mathbb{D}\,(x)$ jeweils genau ein Element aus $\mathbb{W}\,(y)$ zugeordnet wird.

B

Direkte Proportionalität

Wird dem n-fachen der Größe x das n-fache der Größe y zugeordnet, so sind x und y zueinander direkt proportional.

Menge x	Preis y
1	0,30 DM
2	0,60 DM
5 $\Big)\cdot 4$	1,50 DM $\Big)\cdot 4$
8	2,40 DM

Eigenschaften der direkten Proportionalität

① Die Zahlenpaare sind quotientengleich. ......▶

$$\frac{0,30 \text{ DM}}{1} = \frac{0,60 \text{ DM}}{2} = \frac{1,50 \text{ DM}}{5} = \frac{2,40 \text{ DM}}{8}$$

$$\frac{y}{x} = k \Leftrightarrow y = k \cdot x$$

$(k \in \mathbb{R} \setminus \{0\};\ x \neq 0)$ k heißt Proportionalitätsfaktor

② Der Graph der Zahlenpaare liegt auf einer Ursprungsgeraden.

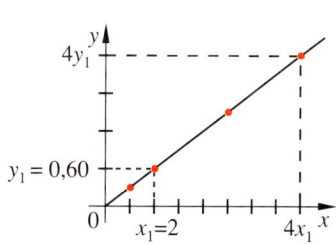

Sonderfall: Prozentrechnung

p: Prozentsatz P: Prozentwert G: Grundwert

$$\frac{P}{G} = \frac{p}{100} \qquad \cdots\!\!\rightarrow \quad \begin{array}{ll} p\%: & 5\% \text{ von} \\ G: & 400 \text{ DM sind} \\ P: & 20 \text{ DM} \end{array}$$

B

$$P = \frac{p}{100} \cdot G \qquad \cdots\!\!\rightarrow \quad 20 \text{ DM} = \frac{5}{100} \cdot 400 \text{ DM}$$

$$G = \frac{P \cdot 100}{p} \qquad \cdots\!\!\rightarrow \quad 400 \text{ DM} = \frac{20 \text{ DM} \cdot 100}{5}$$

$$p\% = \frac{P}{G} \cdot 100\% \quad \cdots\!\!\rightarrow \quad 5\% = \frac{20 \text{ DM}}{400 \text{ DM}} \cdot 100\%$$

Indirekte Proportionalität

Wird dem n-fachen der Größe x der n-te Teil der Größe y zugeordnet, so sind x und y zueinander indirekt proportional $\left(y \sim \dfrac{1}{x} \right)$.

Geschwindigkeit x	Zeit für 100 km y
$10 \frac{km}{h}$	10 h
$50 \frac{km}{h}$	2 h
$100 \frac{km}{h}$ $\cdot 4$	1 h $: 4$
$200 \frac{km}{h}$	0,5 h

MATHEMATIK

Eigenschaften der indirekten Proportionalität

① Die Zahlenpaare sind produktgleich.   ·····▸ $10 \dfrac{\text{km}}{\text{h}} \cdot 10 \text{ h} =$

$$x \cdot y = k \Leftrightarrow y = \dfrac{k}{x}$$

$(k \in \mathbb{R} \setminus \{0\}; x \neq 0)$

$50 \dfrac{\text{km}}{\text{h}} \cdot 2 \text{ h} =$

$100 \dfrac{\text{km}}{\text{h}} \cdot 1 \text{ h} =$

$200 \dfrac{\text{km}}{\text{h}} \cdot 0,5 \text{ h}$

② Der Graph der Zahlenpaare liegt auf einem Hyperbelast.

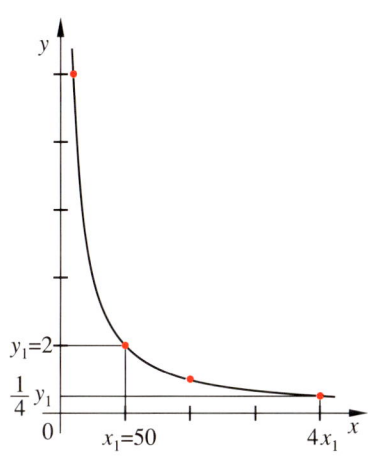

Lineare Funktionen

Funktionsgleichung: $y = mx + t$ (Normalform) $(\mathbb{G} = \mathbb{R} \times \mathbb{R}; m, t \in \mathbb{R})$
m: Steigung t: y-Achsenabschnitt

Definitionsmenge: $\mathbb{D} = \mathbb{R}$
Wertemenge: $\mathbb{W} = \mathbb{R}$ für $m \neq 0$
    $\mathbb{W} = t$ für $m = 0$

$$m = \frac{y_B - y_A}{x_B - x_A} \quad (x_B \neq x_A)$$

$m = \tan \alpha$

$m > 0$ steigende Gerade

$m < 0$ fallende Gerade

B

Punktsteigungsform

$y = m \cdot (x - x_A) + y_A$ ⋯⋯▶   Gerade mit der Steigung 2 durch den Punkt $A\,(4\,|\,3)$

$$y = 2\,(x - 4) + 3 \Leftrightarrow y = 2x - 5$$

$y = \dfrac{y_B - y_A}{x_B - x_A} \cdot (x - x_A) + y_A$ ⋯⋯▶   Gerade durch die Punkte $A\,(1\,|\,4)$ und $B\,(3\,|\,8)$

$$y = \frac{8 - 4}{3 - 1} \cdot (x - 1) + 4 \Leftrightarrow y = 2x + 2$$

Sonderfälle

Gleichung	$y = 0$	$y = t$	$y = x$	$y = -x$
Graph	x-Achse	Parallele zur x-Achse durch $T\,(0\,|\,t)$	Winkelhalbierende des I. und III. Quadranten	Winkelhalbierende des II. und IV. Quadranten

Orthogonale (zueinander senkrechte) Geraden

▶ Skalarprodukt S. 56

$g_1 : y = m_1 x + t_1$ $g_2 : y = m_2 x + t_2$

$g_1 \perp g_2 \quad \Leftrightarrow \quad m_1 \cdot m_2 = -1$

Allgemeine Form der Geradengleichung

$ax + by + c = 0$

$$\begin{cases} y = -\underbrace{\dfrac{a}{b}}_{m} \cdot x - \underbrace{\dfrac{c}{b}}_{t} & \text{für } b \neq 0 \\[2em] x = -\dfrac{c}{a} & \begin{array}{l}\text{für } b = 0 \text{ und } a \neq 0 \\ \text{(Graph: Parallele zur } y\text{-Achse} \\ \text{durch } P\left(-\dfrac{c}{a} \mid 0\right); \text{ keine Funktion!)}\end{array} \end{cases}$$

Parallelenschar

$g(t) : y = m_0 \cdot x + t$
(Geraden mit gleicher Steigung m_0, aber variablem y-Achsenabschnitt t)

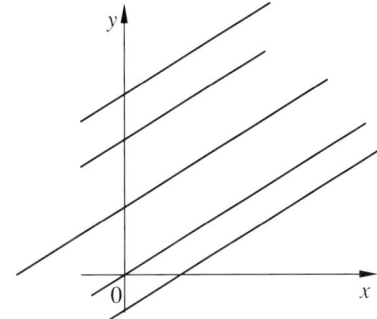

Geradenbüschel

$g(m) : y = m \cdot (x - x_B) + y_B$
(Geraden mit unterschiedlicher Steigung m durch $B(x_B \mid y_B)$, den Büschelpunkt)

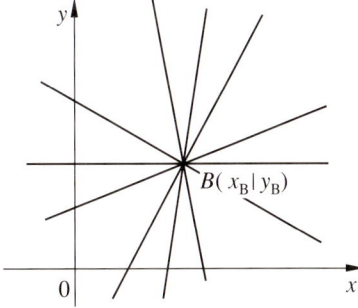

Quadratische Funktionen
mit der Gleichung $y = ax^2$

Funktionsgleichung: $y = ax^2$ $\quad\quad$ ($\mathbb{G} = \mathbb{R} \times \mathbb{R}$; $a \in \mathbb{R} \setminus \{0\}$)

Definitionsmenge: $\mathbb{D} = \mathbb{R}$

$a > 0$	$a < 0$
$\mathbb{W} = \mathbb{R}_0^+$ Graph: Nach oben geöffnete Parabel Graphen zu	$\mathbb{W} = \mathbb{R}_0^-$ Graph: Nach unten geöffnete Parabel Graphen zu
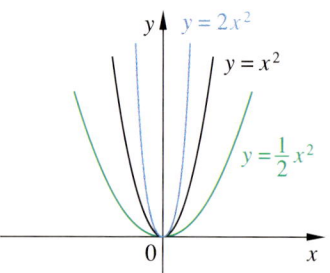	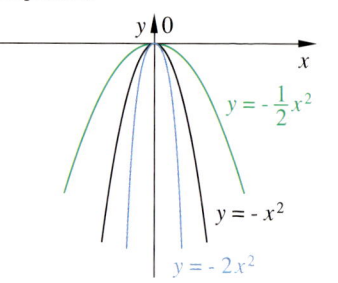

Quadratische Funktionen
mit der Gleichung $y = ax^2 + bx + c$

Funktionsgleichung: $y = ax^2 + bx + c$ $\quad$ ($\mathbb{G} = \mathbb{R} \times \mathbb{R}$; $a \in \mathbb{R} \setminus \{0\}$; $b, c \in \mathbb{R}$)

Definitionsmenge: $\quad\quad \mathbb{D} = \mathbb{R}$

Scheitel: $\quad\quad\quad S\left(\underbrace{-\dfrac{b}{2a}}_{x_s} \middle| \underbrace{c - \dfrac{b^2}{4a}}_{y_s} \right)$

Scheitelform: $\quad\quad y = a\,(x - x_s)^2 + y_s$

$a > 0$	$a < 0$
$\mathbb{W} = \{y \mid y \geqq y_s\}$	$\mathbb{W} = \{y \mid y \leqq y_s\}$
Graph: Nach oben geöffnete Parabel mit dem Scheitel $S(x_s \mid y_s)$	Graph: Nach unten geöffnete Parabel mit dem Scheitel $S(x_s \mid y_s)$

Sonderfall: $y = x^2 + px + q$ ($\mathbb{G} = \mathbb{R} \times \mathbb{R}; p, q \in \mathbb{R}$)

Graph: Nach oben geöffnete Normalparabel mit dem Scheitel

$$S\left(-\frac{p}{2} \,\middle|\, q - \left(\frac{p}{2}\right)^2\right)$$

Potenzfunktionen mit natürlichen Exponenten

Funktionsgleichung: $y = x^n$ ($\mathbb{G} = \mathbb{R} \times \mathbb{R}; n \in \mathbb{N} \setminus \{1\}$)

Definitionsmenge: $\mathbb{D} = \mathbb{R}$

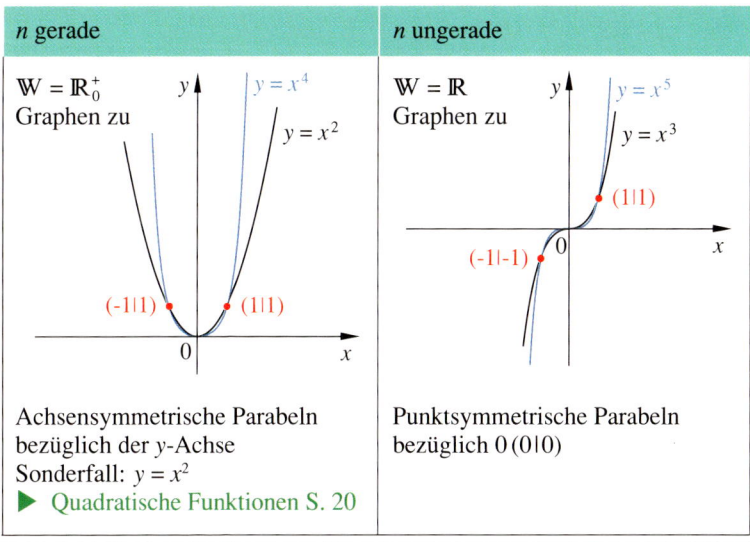

n gerade	n ungerade
$\mathbb{W} = \mathbb{R}_0^+$ Graphen zu	$\mathbb{W} = \mathbb{R}$ Graphen zu
Achsensymmetrische Parabeln bezüglich der y-Achse Sonderfall: $y = x^2$ ▶ Quadratische Funktionen S. 20	Punktsymmetrische Parabeln bezüglich $0\,(0\mid 0)$

Potenzfunktionen mit ganzzahligen negativen Exponenten

Funktionsgleichung: $y = x^{-n} \Leftrightarrow y = \dfrac{1}{x^n}$ ($\mathbb{G} = \mathbb{R} \times \mathbb{R}; n \in \mathbb{N}$)

Definitionsmenge: $\mathbb{D} = \mathbb{R} \setminus \{0\}$

n gerade	n ungerade
$\mathbb{W} = \mathbb{R}^+$	$\mathbb{W} = \mathbb{R} \setminus \{0\}$
Graphen zu 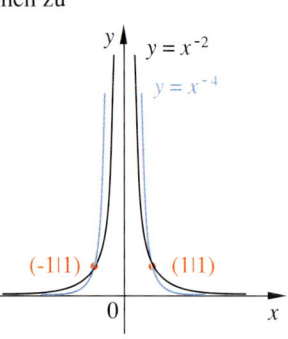	Graphen zu 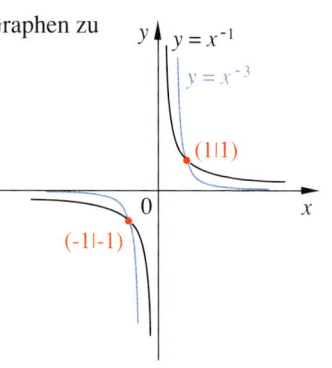
Achsensymmetrische Hyperbel bezüglich der y-Achse	Punktsymmetrische Hyperbel bezüglich $0\,(0\,\vert\,0)$
Gleichungen der Asymptoten $x = 0$ $y = 0$	Gleichungen der Asymptoten $x = 0$ $y = 0$

Potenzfunktionen mit rationalen, nicht ganzzahligen Exponenten

Funktionsgleichung: $y = x^{\frac{m}{n}} \quad \Leftrightarrow \quad y = \sqrt[n]{x^m} \quad \left(\mathbb{G} = \mathbb{R} \times \mathbb{R}; \; \frac{m}{n} \in \mathbb{Q} \setminus \mathbb{Z} \right)$

B

$\dfrac{m}{n} > 0$	$\dfrac{m}{n} < 0$
$\mathbb{D} = \mathbb{R}_0^+$ $\mathbb{W} = \mathbb{R}_0^+$	$\mathbb{D} = \mathbb{R}^+$ $\mathbb{W} = \mathbb{R}^+$
Graphen zu 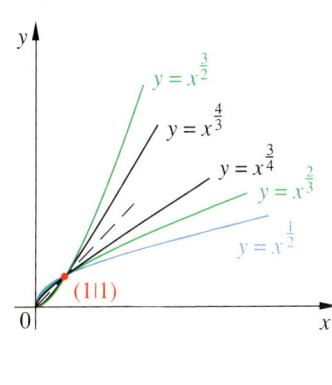	Graphen zu 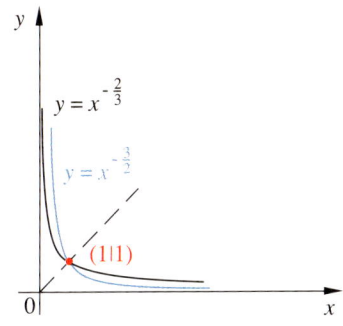 Gleichungen der Asymptoten $x = 0$ $y = 0$

Gleichung der Umkehrfunktion zu $\quad f: \quad y = x^{\frac{m}{n}}$

$\qquad\qquad\qquad\qquad\qquad\qquad\quad f^{-1}: \quad y = x^{\frac{n}{m}}$

Exponentialfunktionen

▶ Potenzen S. 9

Funktionsgleichung: $y = a^x$ ($\mathbb{G} = \mathbb{R} \times \mathbb{R}$; $a \in \mathbb{R}^+ \setminus \{1\}$)

Definitionsmenge: $\mathbb{D} = \mathbb{R}$

Wertemenge: $\mathbb{W} = \mathbb{R}^+$

Graphen zu

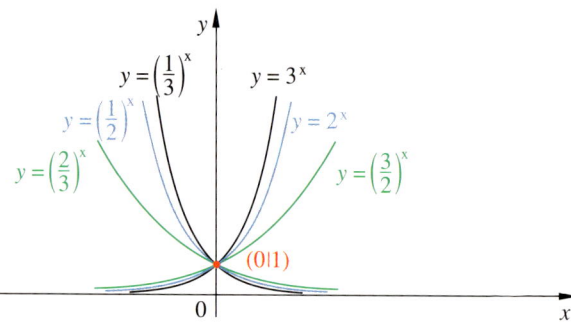

$$y = \left(\frac{1}{a}\right)^x \Leftrightarrow y = a^{-x}$$

Gleichung der Asymptote: $y = 0$

Gleichung der Umkehrfunktion zu f: $\quad y = a^x$
$\qquad\qquad\qquad\qquad\qquad\qquad f^{-1}\!: \quad y = \log_a x$

Logarithmusfunktionen

▶ Logarithmus S. 11

Funktionsgleichung: $y = \log_a x$ ($\mathbb{G} = \mathbb{R} \times \mathbb{R}$; $a \in \mathbb{R}^+ \setminus \{1\}$)

Definitionsmenge: $\mathbb{D} = \mathbb{R}^+$

Wertemenge: $\mathbb{W} = \mathbb{R}$

MATHEMATIK

Graphen zu

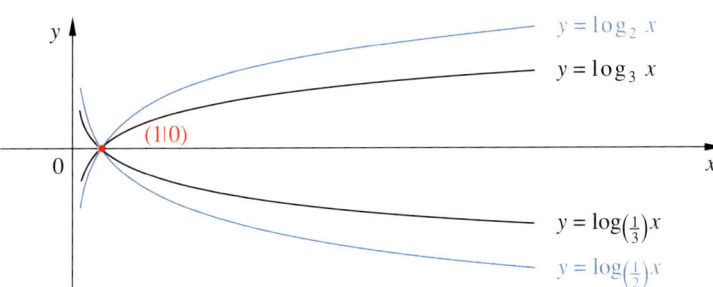

$$y = \log_{\left(\frac{1}{a}\right)} x \iff y = -\log_a x$$

Gleichung der Asymptote: $x = 0$
Gleichung der Umkehrfunktion zu f: $y = \log_a x$
$$f^{-1}:\quad y = a^x$$

Trigonometrische Funktionen

Bogenmaß x   ▶   Kreisbogen S. 48

x LE: Länge des Kreisbogens
zum Mittelpunktswinkel φ
bei einem Kreis mit $r = 1$ LE

$$x = 2\pi \cdot \frac{\varphi}{360°}$$

$$\varphi = \frac{x}{\pi} \cdot 180°$$

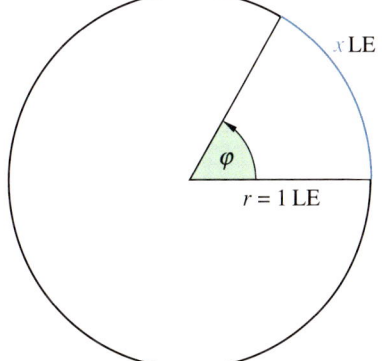

φ	0°	30°	45°	60°	90°	180°	270°	360°
x	0	$\dfrac{\pi}{6}$	$\dfrac{\pi}{4}$	$\dfrac{\pi}{3}$	$\dfrac{\pi}{2}$	π	$\dfrac{3}{2}\pi$	2π

Sinusfunktion

▶ Sinus S. 28

Funktionsgleichung: $y = \sin x$ $(\mathbb{G} = \mathbb{R} \times \mathbb{R})$
Definitionsmenge: $\mathbb{D} = \mathbb{R}$
Wertemenge: $\mathbb{W} = [-1; 1]_{\mathbb{R}}$

B

Graph zu $y = \sin x$

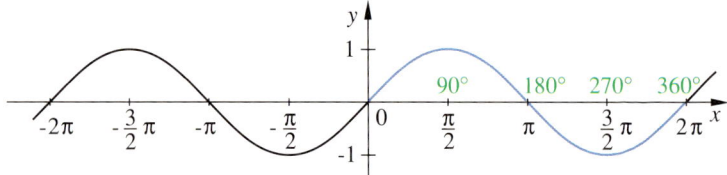

Punktsymmetrie bezüglich $0\,(0\,|\,0)$ $\quad (\sin(-x) = -\sin x)$
Periode: $2\,\pi\,(360°)$ $\quad (\sin(x + k \cdot 2\,\pi) = \sin x;\ k \in \mathbb{Z})$

Kosinusfunktion

▶ Kosinus S. 28

Funktionsgleichung: $y = \cos x$ $(\mathbb{G} = \mathbb{R} \times \mathbb{R})$
Definitionsmenge: $\mathbb{D} = \mathbb{R}$
Wertemenge: $\mathbb{W} = [-1; 1]_{\mathbb{R}}$

Graph zu $y = \cos x$

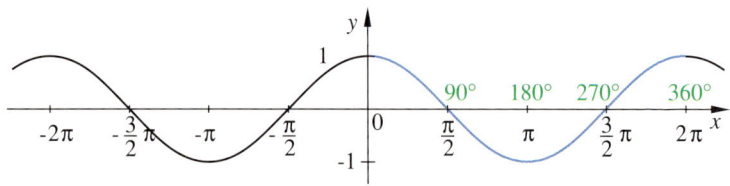

Achsensymmetrie bezüglich der y-Achse $\quad (\cos(-x) = \cos x)$
Periode: $2\,\pi\,(\mathbf{360°})$ $\quad (\cos(x + k \cdot 2\,\pi) = \cos x;\ k \in \mathbb{Z})$

Tangensfunktion

▶ Tangens S. 28

Funktionsgleichung: $y = \tan x$ $(\mathbb{G} = \mathbb{R} \times \mathbb{R})$

Definitionsmenge: $\mathbb{D} = \left\{ x \mid x \neq (2k + 1) \cdot \dfrac{\pi}{2} \right\}$ $(k \in \mathbb{Z})$

Wertemenge: $\mathbb{W} = \mathbb{R}$

Graph zu $y = \tan x$

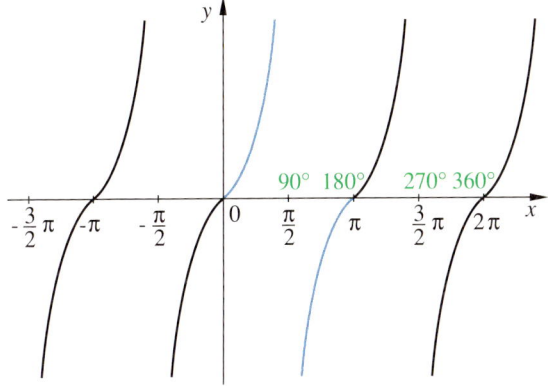

Punktsymmetrie bezüglich $0\,(0 \mid 0)$ $(\tan(-x) = -\tan x)$
Periode: $\pi\,(180°)$ $(\tan(x + k \cdot \pi) = \tan x;\; k \in \mathbb{Z})$

Sinus, Kosinus, Tangens

▶ Trigonometrische Funktionen S. 25

Ist $P(x|y)$ ein beliebiger Punkt auf dem Einheitskreis $k(0(0|0); r = 1 \text{ LE})$, so gilt:

$\sin \varphi = y$

$\cos \varphi = x$

$\tan \varphi = \dfrac{y}{x} = \dfrac{\sin \varphi}{\cos \varphi}$ (für $x \neq 0$, also $\varphi \neq (2k + 1) \cdot 90°; k \in \mathbb{Z}$)

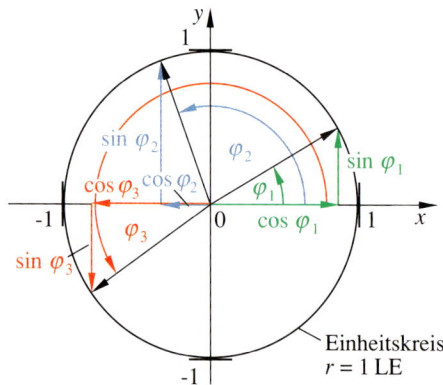

Vorzeichen von sin φ, cos φ und tan φ in den vier Quadranten

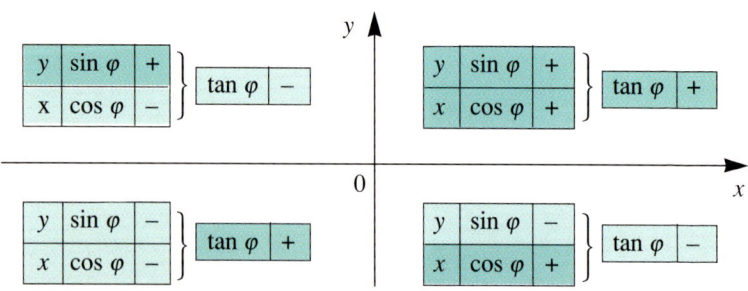

MATHEMATIK

sin φ, cos φ und tan φ für besondere Winkelmaße

φ	0°	30°	45°	60°	90°	180°	270°	360°
sin φ	0	$\frac{1}{2}$	$\frac{1}{2}\sqrt{2}$	$\frac{1}{2}\sqrt{3}$	1	0	–1	0
cos φ	1	$\frac{1}{2}\sqrt{3}$	$\frac{1}{2}\sqrt{2}$	$\frac{1}{2}$	0	–1	0	1
tan φ	0	$\frac{1}{3}\sqrt{3}$	1	$\sqrt{3}$	nicht definiert	0	nicht definiert	0

Beziehungen für negative Winkel

$\sin(-\varphi) = -\sin\varphi$

$\cos(-\varphi) = \cos\varphi$

$\tan(-\varphi) = -\tan\varphi$

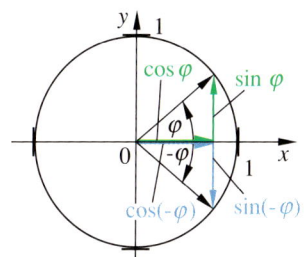

C

Komplementbeziehungen

$\sin(90° - \varphi) = \cos\varphi$

$\cos(90° - \varphi) = \sin\varphi$

Für $\varphi \neq k \cdot 180°$ $(k \in \mathbb{Z})$ gilt:

$$\tan(90° - \varphi) = \frac{\sin(90° - \varphi)}{\cos(90° - \varphi)} = \frac{\cos\varphi}{\sin\varphi} = \frac{1}{\tan\varphi}$$

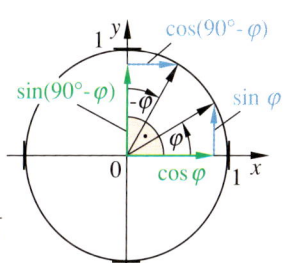

Supplementbeziehungen

Für $\varphi \in [0°; 180°]$ gilt:

$\sin(180° - \varphi) = \sin\varphi$

$\cos(180° - \varphi) = -\cos\varphi$

Für $\varphi \in [0°; 90°[$ gilt:

$\tan(180° - \varphi) = -\tan\varphi$

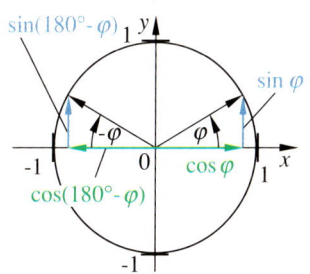

Beziehungen für 180° + φ

$$\sin(180° + φ) = -\sin φ$$

$$\cos(180° + φ) = -\cos φ$$

$$\tan(180° + φ) = \tan φ \qquad (φ \neq (2k+1) \cdot 90°; k \in \mathbb{Z})$$

Beziehungen zwischen den Winkelfunktionen

$$\sin^2 φ + \cos^2 φ = 1$$

Für $φ \in\;]0°; 90°[$ gilt:

$$\sin φ = \sqrt{1 - \cos^2 φ} = \frac{\tan φ}{\sqrt{1 + \tan^2 φ}}$$

$$\cos φ = \sqrt{1 - \sin^2 φ} = \frac{1}{\sqrt{1 + \tan^2 φ}}$$

$$\tan φ = \frac{\sin φ}{\cos φ} = \frac{\sin φ}{\sqrt{1 - \sin^2 φ}} = \frac{\sqrt{1 - \cos^2 φ}}{\cos φ}$$

Additionstheoreme

$$\sin(α + β) = \sin α \; \cos β + \cos α \sin β$$

$$\sin(a - β) = \sin α \; \cos β - \cos α \sin β$$

$$\cos(a + β) = \cos α \; \cos β - \sin α \; \sin β$$

$$\cos(α - β) = \cos α \; \cos β + \sin α \; \sin β$$

$$\tan(α + β) = \frac{\tan α + \tan β}{1 - \tan α \; \tan β} \qquad (\tan α \; \tan β \neq 1)$$

$$\tan(α - β) = \frac{\tan α - \tan β}{1 + \tan α \; \tan β} \qquad (\tan α \; \tan β \neq -1)$$

Beziehungen für das doppelte Winkelmaß

$$\sin 2φ = 2 \sin φ \cos φ$$

$$\cos 2φ = \cos^2 φ - \sin^2 φ = 2 \cos^2 φ - 1 = 1 - 2 \sin^2 φ$$

$$\tan 2φ = \frac{2 \tan φ}{1 - \tan^2 φ} \qquad (\tan^2 φ \neq 1)$$

Beziehungen für das halbe Winkelmaß

$$\sin^2 \frac{\varphi}{2} = \frac{1}{2}(1 - \cos \varphi)$$

$$\cos^2 \frac{\varphi}{2} = \frac{1}{2}(1 + \cos \varphi)$$

$$\tan^2 \frac{\varphi}{2} = \frac{1 - \cos \varphi}{1 + \cos \varphi} \qquad (\cos \varphi \neq -1)$$

Zusammenhang zwischen Polarkoordinaten und kartesischen Koordinaten

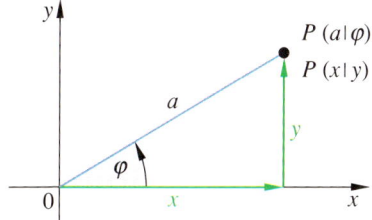

Polarkoordinaten $P(a \mid \varphi)$ $(a \in \mathbb{R}_0^+;\ \varphi \in [0°;\ 360°[)$	Kartesische Koordinaten $P(x \mid y)$ $(x, y \in \mathbb{R})$
$a = \sqrt{x^2 + y^2}$	$x = a \cdot \cos \varphi$
$\tan \varphi = \dfrac{y}{x}$ (für $x \neq 0$)	$y = a \cdot \sin \varphi$
$\varphi = 90°$ (für $x = 0 \wedge y > 0$)	
$\varphi = 270°$ (für $x = 0 \wedge y < 0$)	

sin, cos, tan im rechtwinkligen Dreieck

$$\sin \varphi = \frac{\text{Länge der Gegenkathete}}{\text{Länge der Hypotenuse}}$$

$$\cos \varphi = \frac{\text{Länge der Ankathete}}{\text{Länge der Hypotenuse}}$$

$$\tan \varphi = \frac{\text{Länge der Gegenkathete}}{\text{Länge der Ankathete}}$$

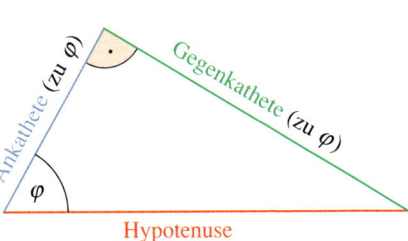

C

Sätze im allgemeinen Dreieck

Sinussatz

$$\frac{a}{\sin \alpha} = \frac{b}{\sin \beta} = \frac{c}{\sin \gamma}$$

$(= 2r$ mit r: Radius des Umkreises)

Kosinussatz

$$a^2 = b^2 + c^2 - 2bc \cdot \cos \alpha$$
$$b^2 = a^2 + c^2 - 2ac \cdot \cos \beta$$
$$c^2 = a^2 + b^2 - 2ab \cdot \cos \gamma$$

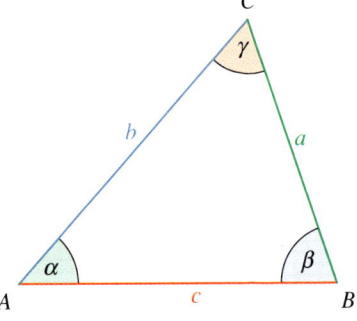

Sonderfall $\gamma = 90°$:
  Satz des Pythagoras $c^2 = a^2 + b^2$

Mittelpunkt einer Strecke

$$M_{[AB]}\left(\frac{x_A + x_B}{2} \;\middle|\; \frac{y_A + y_B}{2}\right)$$

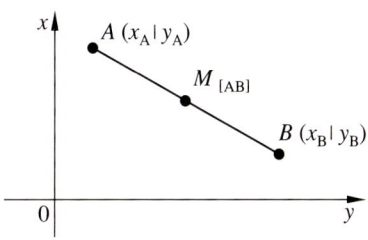

D

Winkel an sich schneidenden Geraden

Scheitelwinkel	Nebenwinkel
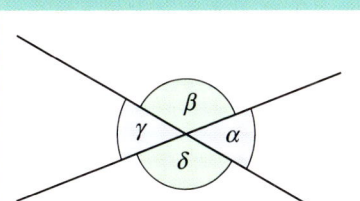	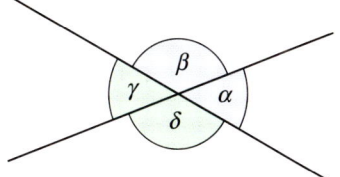
Scheitelwinkel haben das gleiche Maß.	Die Maße zweier Nebenwinkel ergeben zusammen 180°.
$\alpha = \gamma$ $\beta = \delta$	$\alpha + \beta = 180°$ $\quad \alpha + \delta = 180°$ $\gamma + \beta = 180°$ $\quad \gamma + \delta = 180°$

Winkel an Parallelen

Stufenwinkel	Wechselwinkel
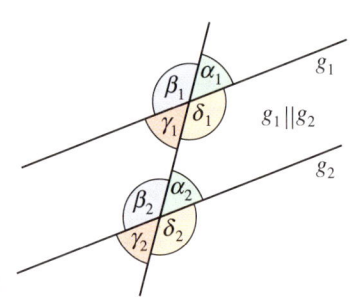	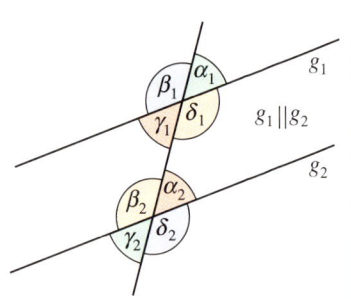
Stufenwinkel haben das gleiche Maß.	Wechselwinkel haben das gleiche Maß.
$\alpha_1 = \alpha_2 \quad \beta_1 = \beta_2 \quad \gamma_1 = \gamma_2 \quad \delta_1 = \delta_2$	$\alpha_1 = \gamma_2 \quad \beta_1 = \delta_2 \quad \gamma_1 = \alpha_2 \quad \delta_1 = \beta_2$

Ortslinien

Kreis $\{P \mid \overline{PM} = r\} = k(M; r)$

▶ Kreis S. 48

Die Menge aller Punkte P mit der Eigenschaft, die Entfernung der Punkte P vom Mittelpunkt M ist r (und nur diese), liegen auf einer Kreislinie mit dem Mittelpunkt M und dem Radius r.

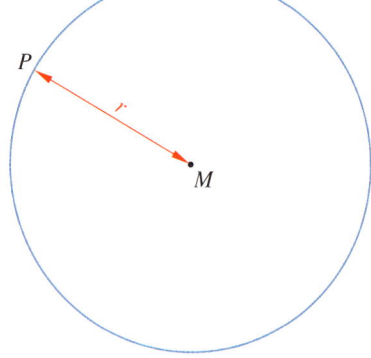

Mittelsenkrechte $\{P \mid \overline{PA} = \overline{PB}\} = m_{[AB]}$

▶ Umkreis S. 39

Die Menge aller Punkte P mit der Eigenschaft, die Entfernung von P zu A ist genauso groß wie die Entfernung von P zu B (und nur diese), liegen auf der Mittelsenkrechten der Strecke $[AB]$.

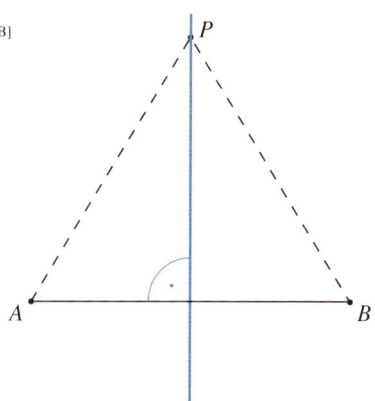

D

Parallelenpaar $\{P \mid d(P; g) = a\} = h_1 \cup h_2$

Die Menge aller Punkte P mit der Eigenschaft, der Abstand der Punkte P von der Geraden g ist a (und nur diese), liegen auf dem Parallelenpaar $h_1 \cup h_2$.

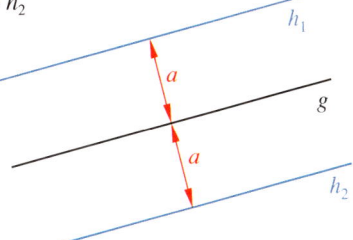

Mittelparallele $\{P \mid d(P; g_1) = d(P; g_2)\} = m$

$(g_1 \parallel g_2)$

Die Menge aller Punkte P mit der Eigenschaft, der Abstand des Punktes P zur Geraden g_1 ist genauso groß wie der Abstand des Punktes P zur Geraden g_2 (und nur diese), liegen auf der Mittelparallelen m.

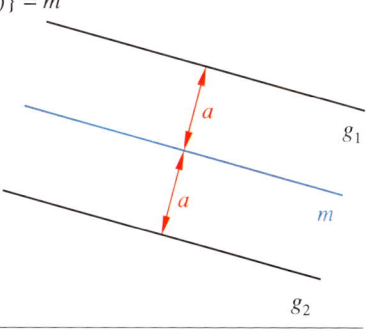

Winkelhalbierendenpaar $\{P \mid d(P; g_1) = d(P; g_2)\} = w_1 \cup w_2$

$(g_1 \nparallel g_2)$

Die Menge aller Punkte P mit der Eigenschaft, der Abstand des Punktes P zur Geraden g_1 ist genauso groß wie der Abstand des Punktes P zur Geraden g_2 (und nur diese), liegen auf dem Winkelhalbierendenpaar $w_1 \cup w_2$.

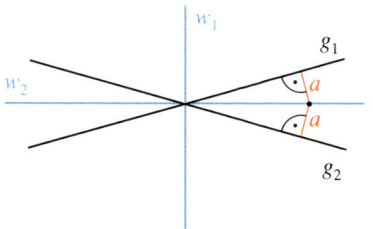

Randwinkelsatz $\left\{P \mid \sphericalangle APB = \dfrac{\mu}{2} \vee \sphericalangle BPA = \dfrac{\mu}{2}\right\} = b_1 \cup b_2$

D

Für alle Punkte P auf den Bögen b_1 oder b_2 (und nur diese) erscheint die Strecke $[AB]$ unter dem Winkel $\dfrac{\mu}{2}$.

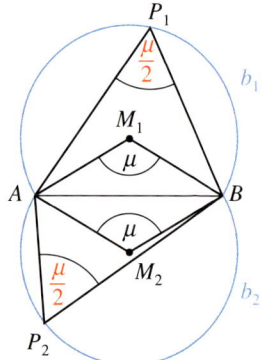

Sonderfall: Thaleskreis

$$\{P \mid \sphericalangle APB = 90° \vee \sphericalangle BPA = 90°\} = k\left(M_{[AB]}; r = \dfrac{\overline{AB}}{2}\right) \setminus \{A; B\}$$

Alle Punkte P, für die die Strecke $[AB]$ unter einem Winkel von 90° erscheint, liegen auf der Kreislinie um den Mittelpunkt von $[AB]$ mit dem Radius $\dfrac{\overline{AB}}{2}$.

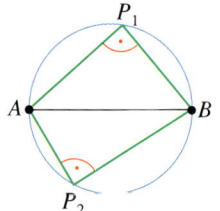

MATHEMATIK

Dreiecke

Innenwinkelsatz

Die Summe der Innenwinkelmaße in einem Dreieck beträgt 180°.

$$\alpha + \beta + \gamma = 180°$$

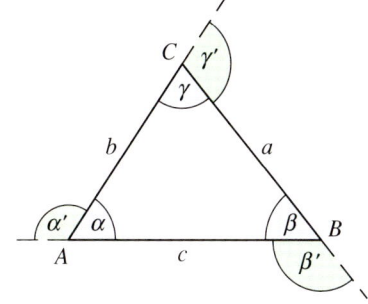

D

Außenwinkelsatz

Das Maß eines Außenwinkels ist genauso groß wie die Summe der Maße der zwei nicht anliegenden Innenwinkel.

$$\alpha' = \beta + \gamma \quad \beta' = \alpha + \gamma \quad \gamma' = \alpha + \beta$$

Dreiecksungleichung

Die Summe der Längen zweier Dreiecksseiten ist stets größer als die Länge der dritten Seite.

$$a + b > c \quad a + c > b \quad b + c > a$$

Seiten-Winkel-Beziehung

Der längeren Seite liegt der größere Winkel gegenüber und umgekehrt.

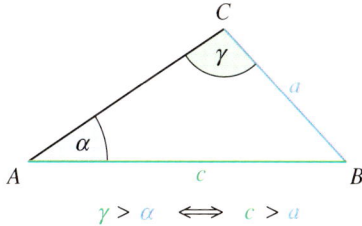

$$\gamma > \alpha \iff c > a$$

Flächeninhalt von Dreiecken

① $A = \dfrac{1}{2} a \cdot h_a$

$A = \dfrac{1}{2} b \cdot h_b$

$A = \dfrac{1}{2} c \cdot h_c$

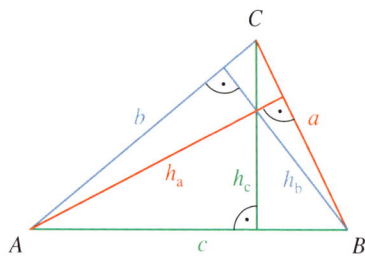

② $A = \dfrac{1}{2} b \cdot c \cdot \sin \alpha$

$A = \dfrac{1}{2} a \cdot c \cdot \sin \beta$

$A = \dfrac{1}{2} a \cdot b \cdot \sin \gamma$

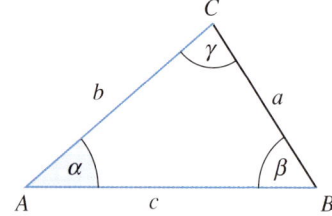

③ $A = \dfrac{1}{2} \cdot \begin{vmatrix} c_x & b_x \\ c_y & b_y \end{vmatrix} = \dfrac{1}{2} (c_x \cdot b_y - c_y \cdot b_x)$

Seitenpfeil 1

Seitenpfeil 2
mit gemeinsamen Fußpunkt
(entgegen dem Uhrzeigersinn)

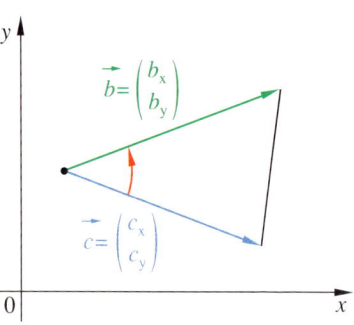

MATHEMATIK

Umkreis, Inkreis, Schwerpunkt eines Dreiecks

Umkreis eines Dreiecks

▶ Sinussatz S. 32

Bei jedem Dreieck schneiden sich die Mittelsenkrechten zu den Dreiecksseiten in einem Punkt, dem Mittelpunkt des Umkreises.

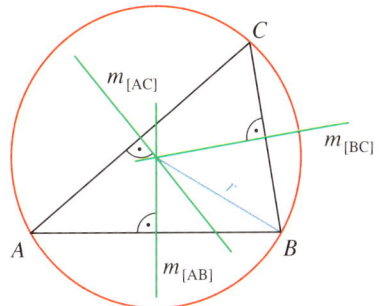

D

Inkreis eines Dreiecks

Bei jedem Dreieck schneiden sich die Winkelhalbierenden in einem Punkt, dem Mittelpunkt des Inkreises.

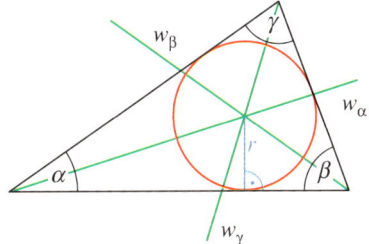

Schwerpunkt eines Dreiecks

Bei jedem Dreieck schneiden sich die Seitenhalbierenden in einem Punkt, dem Schwerpunkt des Dreiecks. Der Schwerpunkt S des Dreiecks teilt jede Seitenhalbierende im Verhältnis $2:1$.

$$S\left(\frac{x_A + x_B + x_C}{3} \;\middle|\; \frac{y_A + y_B + y_C}{3}\right)$$

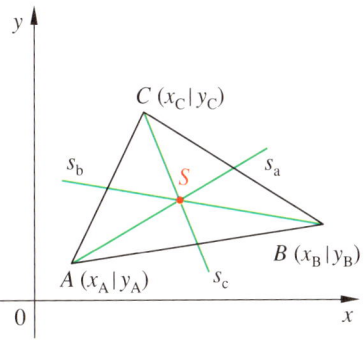

Kongruenz und Ähnlichkeit von Dreiecken ◼

Kongruenz	Ähnlichkeit
Zwei Dreiecke sind kongruent, wenn sie durch Kongruenzabbildungen aufeinander abgebildet werden können.	Zwei Dreiecke sind ähnlich, wenn sie durch zentrische Streckungen und Kongruenzabbildungen aufeinander abgebildet werden können.
Kongruenzsätze	**Ähnlichkeitssätze**
① Zwei Dreiecke sind kongruent, wenn sie in drei Seiten übereinstimmen. (**sss**)	① Zwei Dreiecke sind ähnlich, wenn sie im Verhältnis der drei Seiten übereinstimmen.
② Zwei Dreiecke sind kongruent, wenn sie in zwei Seiten und dem Zwischenwinkel übereinstimmen. (**sws**)	② Zwei Dreiecke sind ähnlich, wenn sie im Verhältnis zweier Seiten und dem Zwischenwinkel übereinstimmen.
③ Zwei Dreiecke sind kongruent, wenn sie in einer Seite und zwei entsprechenden Winkeln übereinstimmen. (**wsw/wws**)	③ Zwei Dreiecke sind ähnlich, wenn sie in zwei Winkeln übereinstimmen.
④ Zwei Dreiecke sind kongruent, wenn sie in zwei Seiten und dem Gegenwinkel der größeren Seite übereinstimmen. (**sSw**)	④ Zwei Dreiecke sind ähnlich, wenn sie im Verhältnis zweier Seiten und dem Gegenwinkel der größeren Seite übereinstimmen.

D

Vierstreckensatz

▶ Zentrische Streckung S. 62

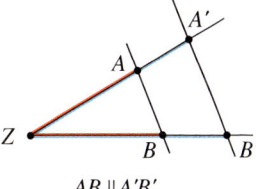

AB ∥ A′B′

$$\frac{\overline{ZA'}}{\overline{ZA}} = \frac{\overline{ZB'}}{\overline{ZB}}$$

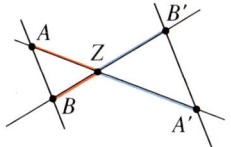

AB ∥ A′B′

D

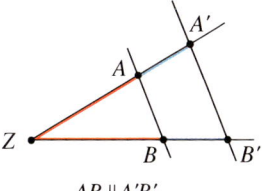

AB ∥ A′B′

$$\frac{\overline{AA'}}{\overline{ZA}} = \frac{\overline{BB'}}{\overline{ZB}}$$

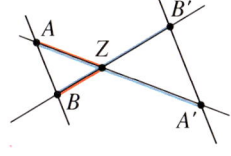

AB ∥ A′B′

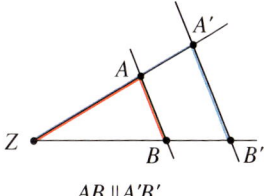

AB ∥ A′B′

$$\frac{\overline{ZA'}}{\overline{ZA}} = \frac{\overline{A'B'}}{\overline{AB}}$$

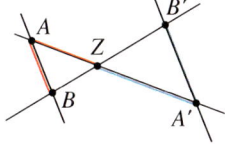

AB ∥ A′B′

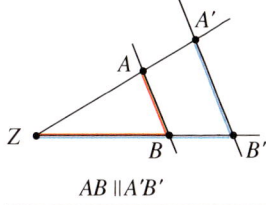

AB ∥ A′B′

$$\frac{\overline{ZB'}}{\overline{ZB}} = \frac{\overline{A'B'}}{\overline{AB}}$$

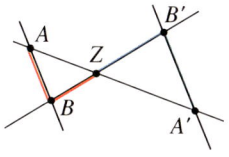

AB ∥ A′B′

Besondere Dreiecke

Gleichschenkliges Dreieck

Basiswinkel haben das gleiche Maß.
Die Schenkel sind gleich lang.
In nebenstehender Zeichnung gilt:

$$\tan\frac{\gamma}{2} = \frac{\overline{AM}}{\overline{MC}} \ ; \ \overline{MC} = \sqrt{\overline{AC}^2 - \overline{AM}^2}$$

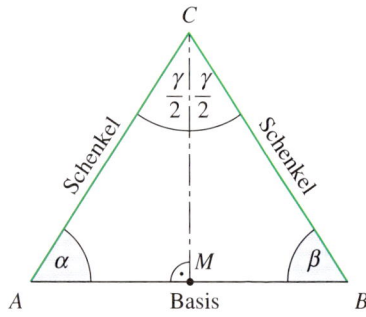

Gleichschenklig-rechtwinkliges Dreieck

$\overline{AC} = \overline{BC} = a$

$\overline{AM} = \overline{MB} = \overline{MC} = \frac{1}{2} a \sqrt{2}$

Flächeninhalt $A = \frac{1}{2} a^2$

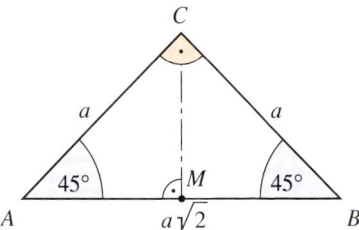

Gleichseitiges Dreieck

$\overline{AB} = \overline{AC} = \overline{BC} = a$

$\alpha = \beta = \gamma = 60°$

S ist Schwerpunkt des Dreiecks
  Mittelpunkt des Umkreises
  (Umkreisradius $r = \frac{2}{3} \cdot \frac{a}{2} \sqrt{3}$)

  Mittelpunkt des Inkreises
  (Inkreisradius $\varrho = \frac{1}{3} \cdot \frac{a}{2} \sqrt{3}$)

Dreieckshöhe $h = \frac{a}{2} \sqrt{3}$

Flächeninhalt $A = \frac{a^2}{4} \sqrt{3}$

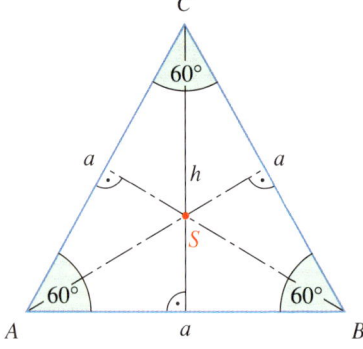

    MATHEMATIK

Rechtwinkliges Dreieck

▶ Thaleskreis S. 36

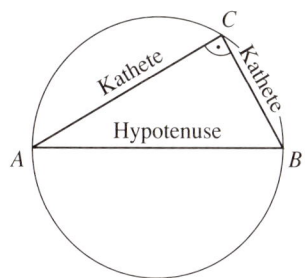

Sätze am rechtwinkligen Dreieck

▶ Sinus, Kosinus, Tangens im rechtwinkligen Dreieck S. 32

D

Kathetensätze

$$a^2 = p \cdot c$$
$$b^2 = q \cdot c$$

Satz des Pythagoras

$$a^2 + b^2 = c^2$$

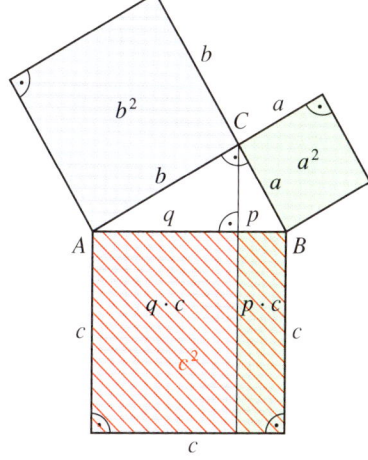

Höhensatz

$$h^2 = p \cdot q$$

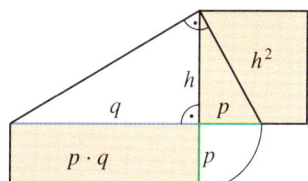

Vierecke

konvex

konkav

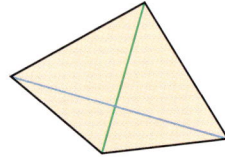 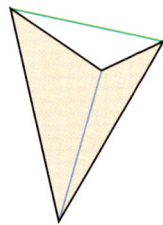

Diagonalen schneiden sich   Diagonalen schneiden sich nicht

Symmetrische Vierecke (Übersicht)

Drachenvierecke (diagonalsymmetrisch)	gleichschenklige Trapeze (lotsymmetrisch)	Parallelogramme (punktsymmetrisch)
		Raute Rechteck
Raute	Rechteck	Raute Rechteck
Quadrat	Quadrat	Quadrat

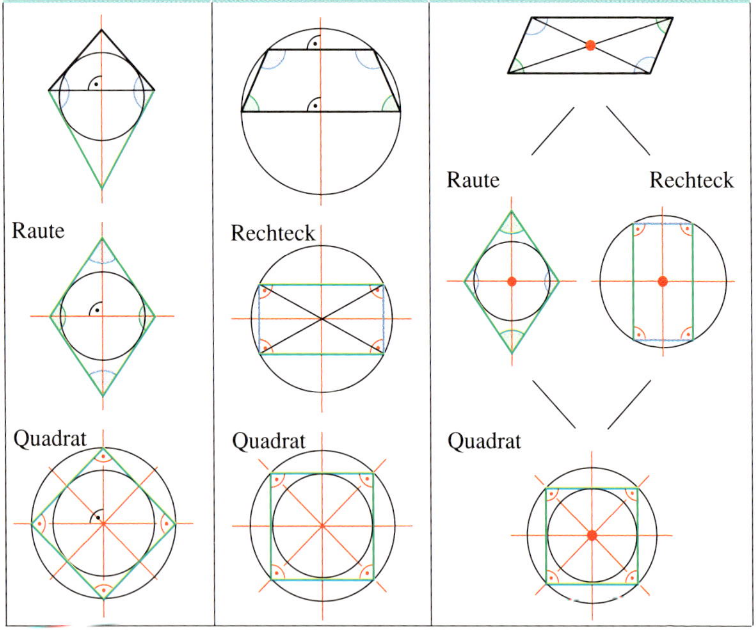

Vierecksform	Eigenschaften	Flächeninhalt
Trapez	$AB \parallel CD$	$A = m \cdot h$ $$A = \frac{\overline{AB} + \overline{CD}}{2} \cdot h$$
Gleichschenkliges Trapez	lotsymmetrisch $\alpha = \beta \quad \gamma = \delta$ $\alpha + \delta = 180° \wedge$ $\beta + \gamma = 180°$ $\overline{AD} = \overline{BC}$ $\overline{AC} = \overline{BD}$ Umkreismittelpunkt: Schnittpunkt der Mittelsenkrechten	
Parallelogramm $\vec{b} = \begin{pmatrix} b_x \\ b_y \end{pmatrix}$ $\vec{a} = \begin{pmatrix} a_x \\ a_y \end{pmatrix}$	punktsymmetrisch $\alpha = \gamma \wedge \beta = \delta$ $\alpha + \beta = 180° \wedge$ $\alpha + \delta = 180°$ $\overline{AB} = \overline{CD} \wedge$ $\overline{AD} = \overline{BC}$ $AB \parallel CD \wedge AD \parallel BC$ Die Diagonalen halbieren sich gegenseitig.	$A = g \cdot h$ $A = \overline{AB} \cdot \overline{AD} \cdot \sin \alpha$ $$A = \begin{vmatrix} a_x & b_x \\ a_y & b_y \end{vmatrix}$$ Seiten- | pfeil 1 | Seitenpfeil 2 mit gemeinsamen Fußpunkt (entgegen dem Uhrzeigersinn) ▶ Dreieck S. 38
Drachenviereck	diagonalsymmetrisch $\alpha = \gamma$ $\overline{AB} = \overline{BC} \wedge \overline{AD} = \overline{DC}$ Die Diagonalen stehen aufeinander senkrecht. Inkreismittelpunkt: Schnittpunkt der Winkelhalbierenden	$$A = \frac{1}{2} e \cdot f$$ (e und f sind die Längen der beiden Diagonalen)

Vierecksform	Eigenschaften	Flächeninhalt

Raute
▶ Drachenviereck
▶ Parallelogramm

Beide Diagonalen sind Symmetrieachsen.

$\overline{AB} = \overline{BC} = \overline{CD} = \overline{DA}$
$\alpha = \gamma \wedge \beta = \delta$

Die Diagonalen halbieren sich gegenseitig und stehen aufeinander senkrecht.

Inkreismittelpunkt: Schnittpunkt der Winkelhalbierenden (Diagonalen)

$A = \dfrac{1}{2} e \cdot f$

$A = g \cdot h$

$A = \overline{AB} \cdot \overline{AD} \cdot \sin \alpha$

$A = \begin{vmatrix} a_x & b_x \\ a_y & b_y \end{vmatrix}$

↑ ↑
Seiten-
pfeil 1
        Seitenpfeil 2
mit gemeinsamen Fußpunkt (entgegen dem Uhrzeigersinn)
▶ Dreieck S. 38

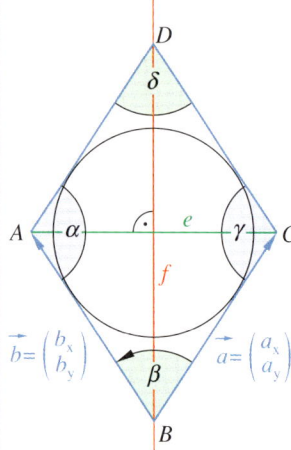

$\vec{b} = \begin{pmatrix} b_x \\ b_y \end{pmatrix}$ $\vec{a} = \begin{pmatrix} a_x \\ a_y \end{pmatrix}$

Rechteck
▶ Parallelogramm
▶ gleichschenkliges Trapez

Beide Mittelsenkrechten sind Symmetrieachsen.

$\overline{AB} = \overline{DC} = a \wedge$
$\overline{AD} = \overline{BC} = b$
$\alpha = \beta = \gamma = \delta = 90°$

Die Diagonalen sind gleich lang und halbieren sich gegenseitig.

Umkreismittelpunkt: Schnittpunkt der Mittelsenkrechten

Diagonalenlänge:
$d = \sqrt{a^2 + b^2}$

$A = a \cdot b$

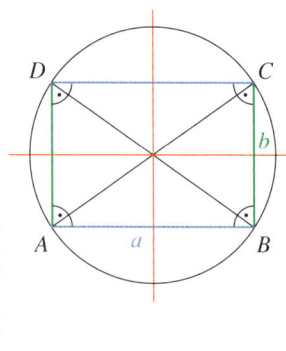

D

Vierecksform	Eigenschaften	Flächeninhalt
Quadrat ▶ Rechteck ▶ Raute	Beide Diagonalen und beide Mittelsenkrechten sind Symmetrieachsen. $\overline{AB} = \overline{BC} = \overline{CD}$ $= \overline{DA} = a$ $\alpha = \beta = \gamma = \delta = 90°$ Die Diagonalen sind gleich lang, halbieren sich gegenseitig und stehen aufeinander senkrecht. Diagonalenlänge: $d = a\sqrt{2}$ Diagonalenschnittpunkt ist Inkreis- und Umkreismittelpunkt	$A = a^2$

D

Vierecke mit Umkreis (Sehnenviereck)

▶ Umkreis eines Dreiecks S. 39

Besitzt ein Viereck einen Umkreis, so ergeben je zwei Gegenwinkel zusammen 180°.
Der Umkreismittelpunkt ist der Schnittpunkt der Mittelsenkrechten.

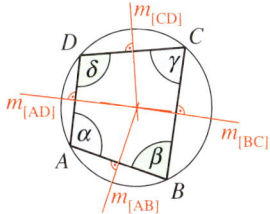

$\alpha + \gamma = 180°$ $\beta + \delta = 180°$

Vierecke mit Inkreis (Tangentenviereck)

▶ Inkreis eines Dreiecks S. 39

Besitzt ein Viereck einen Inkreis, so ergeben je zwei gegenüberliegende Seiten zusammen die gleiche Länge.
Der Inkreismittelpunkt ist der Schnittpunkt der Winkelhalbierenden.

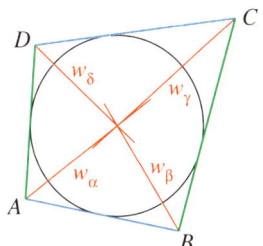

$\overline{AB} + \overline{CD} = \overline{AD} + \overline{BC}$

Kreis

▶ Ortslinien S. 34

Flächeninhalt

$A = r^2 \pi$ ($\pi \approx 3{,}14$)
$u = 2\,r\,\pi$ (r: Radius)
$u = d\,\pi$ (d: Durchmesser)

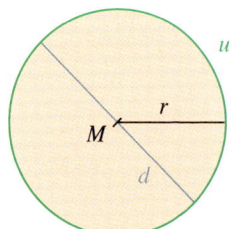

Kreisteile

Flächeninhalt des Sektors

$$A = \frac{\alpha}{360°} \cdot r^2 \pi$$

Länge des Bogens

$$b = \frac{\alpha}{360°} \cdot 2\,r\,\pi$$

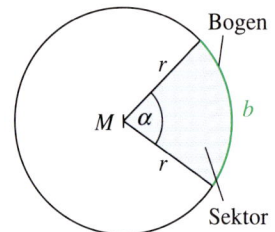

Sätze am Kreis

Sehnensatz	Sekantensatz	Sekanten-Tangentensatz
(Sehnen: $[AB]$; $[CD]$) $\overline{SA} \cdot \overline{SB} = \overline{SC} \cdot \overline{SD}$	(Sekanten: AB, CD) $\overline{SA} \cdot \overline{SB} = \overline{SC} \cdot \overline{SD}$	(Tangente: ST) $\overline{SA} \cdot \overline{SB} = \overline{ST}^{\,2}$

MATHEMATIK

Körper im Schrägbild

① Punkte auf der Schrägbildachse sind fest
② Strecken parallel zur Schrägbildachse erscheinen in wahrer Länge (z.B. $[AB]$; $[CD]$)
③ Strecken in der Rissebene und dazu parallele Strecken erscheinen in wahrer Länge (z.B. $[SF]$)
④ Strecken senkrecht zur Rissebene erscheinen unter dem Verzerrungswinkel ω und um den Faktor q verkleinert (z.B. $[AD]$; $[BC]$)

····▶ $\omega = 45°; \quad q = \dfrac{1}{2}$

Grundfläche der Pyramide ist das Rechteck ABCD mit $\overline{AB} = 3,5$ cm und $\overline{BC} = 5,6$ cm. Die Schrägbildachse ist M_1M_2 (mit M_1 Mittelpunkt von $[AD]$ und M_2 Mittelpunkt von $[BC]$).
Die Spitze S der Pyramide $ABCDS$ liegt 3,8 cm senkrecht über dem Diagonalenschnittpunkt F.

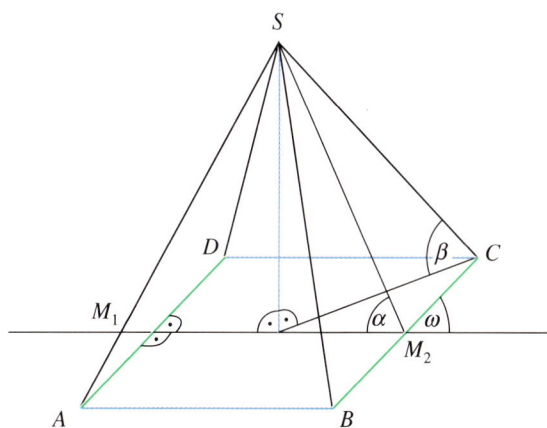

α: Maß des Winkels, den die Seitenfläche BCS mit der Grundfläche einschließt
β: Maß des Winkels, den die Seitenkante $[CS]$ mit der Grundfläche einschließt

Prisma

$V = G \cdot h$
$A_0 = 2G + M$

V: Volumen
A_0: Oberfläche
M: Mantelfläche
G: Grundfläche

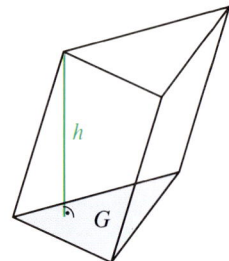

Gerades Prisma

D

$V = G \cdot h$

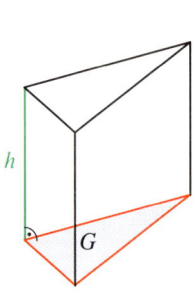

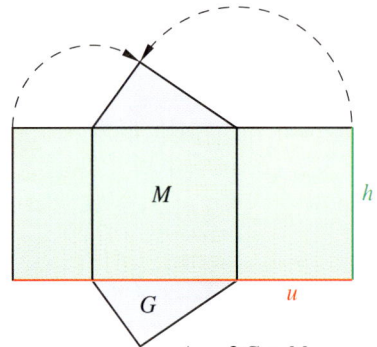

$A_0 = 2G + M$
$A_0 = 2G + u \cdot h$
(u: Umfang der Grundfläche)

Sonderformen:
Quader

$V = G \cdot h$
$V = a \cdot b \cdot c$

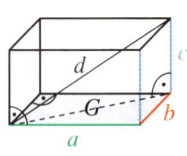

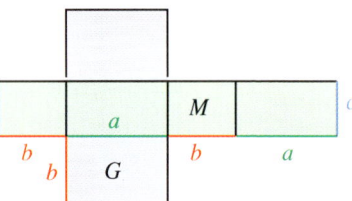

Raumdiagonale $d = \sqrt{a^2 + b^2 + c^2}$

$A_0 = 2G + M$
$A_0 = 2a \cdot b + (2a + 2b) \cdot c$

Würfel

$V = a^3$

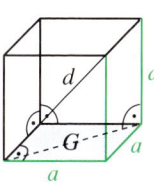

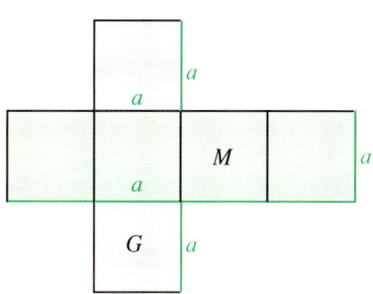

Raumdiagonale $d = a\sqrt{3}$ $\qquad A_0 = 6a^2$

Pyramide

$V = \dfrac{1}{3}G \cdot h$

$A_0 = G + M$

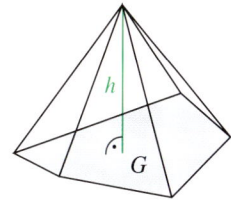

Sonderformen:
Pyramide mit quadratischer Grundfläche und gleich langen Kanten
(halbes Oktaeder)

$G = a^2$ $\qquad\qquad A_0 = a^2 + a^2\sqrt{3}$

$h = \dfrac{a}{2}\sqrt{2}$

$V = \dfrac{a^3}{6}\sqrt{2}$

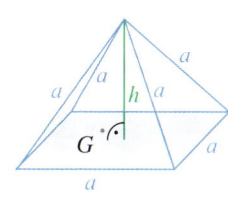

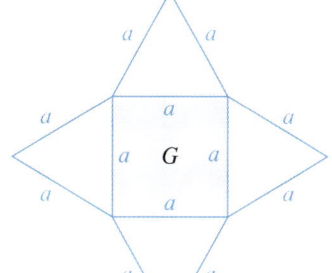

Pyramide mit dreieckiger Grundfläche und gleich langen Kanten (Tetraeder)

$$G = \frac{a^2}{4}\sqrt{3}$$

$$h = \frac{a}{3}\sqrt{6}$$

$$V = \frac{a^3}{12}\sqrt{2}$$

$$A_0 = a^2\sqrt{3}$$

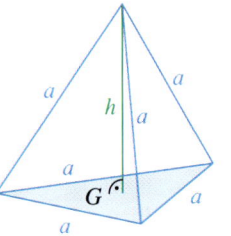
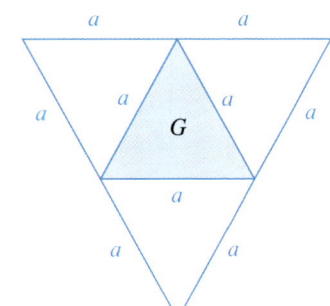

Gerader Kreiszylinder

$$V = G \cdot h$$

$$V = r^2\pi\,h$$

$$A_0 = 2G + M$$

$$A_0 = 2r^2\pi + 2r\pi\,h$$

$$A_0 = 2r\pi\,(r + h)$$

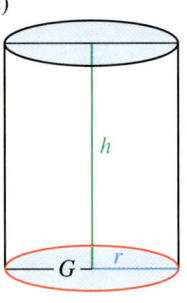
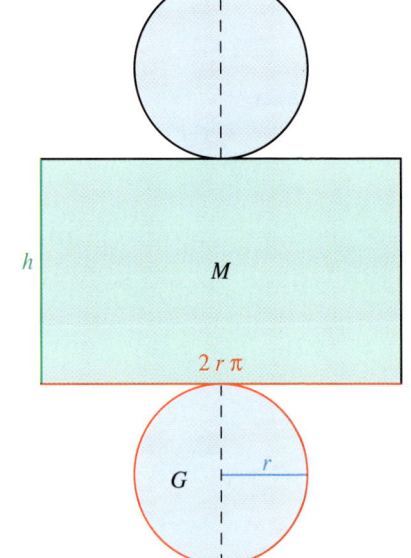

Gerader Kreiskegel

$$V = \frac{1}{3} G \cdot h$$

$$V = \frac{1}{3} r^2 \pi\, h$$

$$s = \sqrt{r^2 + h^2}$$

$$\tan \frac{\varphi}{2} = \frac{r}{h}$$

$$\alpha = \frac{r}{s} \cdot 360°$$

$$A_0 = G + M$$

$$A_0 = r^2 \pi + \frac{\alpha}{360°} \cdot s^2 \pi$$

$$A_0 = r^2 \pi + rs\,\pi$$

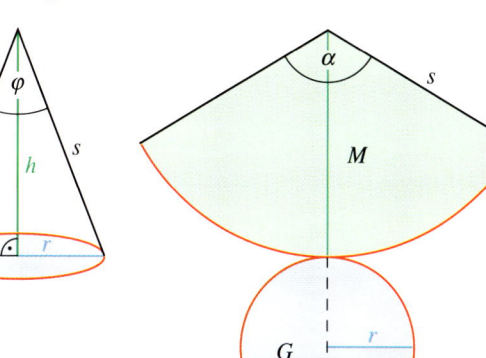

D

Kugel

$$V = \frac{4}{3} r^3 \pi$$

$$A_0 = 4 r^2 \pi$$

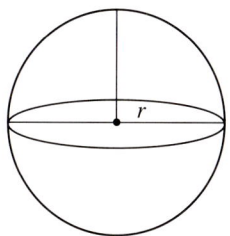

$$\vec{v} = \begin{pmatrix} v_x \\ v_y \end{pmatrix} \quad \begin{matrix} v_x\colon x\text{-Koordinate des Vektors } \vec{v} \\ v_y\colon y\text{-Koordinate des Vektors } \vec{v} \end{matrix}$$

Definition

Die Menge aller gleichlangen, parallelen und gleich gerichteten Pfeile heißt Vektor. Jeder dieser Pfeile ist ein Repräsentant des Vektors.
Der Repräsentant mit dem Fuß im Ursprung heißt Ortspfeil bzw. Ortsvektor.

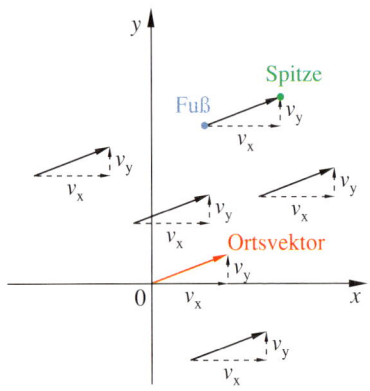

Berechnung der Vektorkoordinaten

$$
\begin{array}{ll}
\text{S} & \\
\text{p} & \text{F} \\
\text{i} \quad \text{minus} & \text{u} \\
\text{t} & \text{ß} \\
\text{z} & \\
\text{e} &
\end{array}
$$

$$\vec{v} = \begin{pmatrix} x_B & - & x_A \\ y_B & - & y_A \end{pmatrix}$$

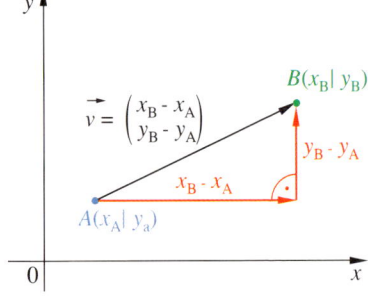

Betrag eines Vektors

$$|\vec{v}| = \sqrt{v_x^2 + v_y^2} \qquad \cdots\cdots\blacktriangleright \qquad \vec{v} = \begin{pmatrix} -1 \\ 2 \end{pmatrix}$$

$$|\vec{v}| = \sqrt{(-1)^2 + 2^2} = \sqrt{5}$$

$$|\vec{v}| = \sqrt{(x_B - x_A)^2 + (y_B - y_A)^2} \quad \cdots\cdots\blacktriangleright \quad A(1|4);\ B(6|2)$$

$$|\overrightarrow{AB}| = \sqrt{(6-1)^2 + (2-4)^2} = \sqrt{29}$$

Länge der Strecke $[AB]$: $\quad \overline{AB} = \sqrt{(x_B - x_A)^2 + (y_B - y_A)^2}$ LE

Vektoraddition

$$\vec{a} \quad \oplus \quad \vec{b} \quad = \quad \vec{c}$$

$$\begin{pmatrix} a_x \\ a_y \end{pmatrix} \oplus \begin{pmatrix} b_x \\ b_y \end{pmatrix} = \begin{pmatrix} a_x + b_x \\ a_y + b_y \end{pmatrix}$$

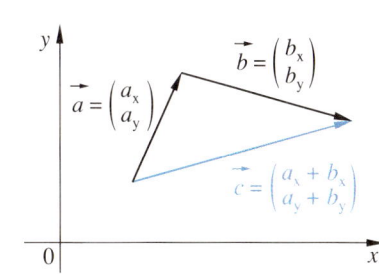

Rechengesetze bei der Vektoraddition

① Kommutativgesetz: $\vec{a} \oplus \vec{b} = \vec{b} \oplus \vec{a}$

② Assoziativgesetz: $(\vec{a} \oplus \vec{b}) \oplus \vec{c} = \vec{a} \oplus (\vec{b} \oplus \vec{c})$

S-Multiplikation

(Multiplikation eines Vektors mit einer Zahl)

Das Produkt $k \cdot \vec{a}$ $(k \in \mathbb{R} \setminus \{0\})$ ist ein Vektor, der durch zentrische Streckung des Vektors $\vec{a}$ mit dem Streckungsfaktor k hervorgeht.

$$k \cdot \begin{pmatrix} a_x \\ a_y \end{pmatrix} = \begin{pmatrix} k \cdot a_x \\ k \cdot a_y \end{pmatrix}$$

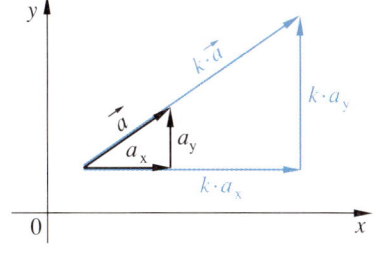

Sonderfall:

$(-1) \cdot \vec{v}$ heißt Gegenvektor zum Vektor $\vec{v}$.

Rechengesetze der S-Multiplikation

① Assoziativgesetz $\quad (k \cdot m) \cdot \vec{a} = k \cdot (m \cdot \vec{a})$

② Distributivgesetze $\quad k \cdot (\vec{a} \oplus \vec{b}) = k \cdot \vec{a} \oplus k \cdot \vec{b}$

$$(k + m) \cdot \vec{a} = k \cdot \vec{a} \oplus m \cdot \vec{a}$$

Skalarprodukt

$$\vec{a} \odot \vec{b} = \begin{pmatrix} a_x \\ a_y \end{pmatrix} \odot \begin{pmatrix} b_x \\ b_y \end{pmatrix} = a_x \cdot b_x + a_y \cdot b_y$$

$$\vec{a} \odot \vec{b} = |\vec{a}| \cdot |\vec{b}| \cdot \cos \varphi$$

E

$$\Rightarrow \cos \varphi = \frac{\vec{a} \odot \vec{b}}{|\vec{a}| \cdot |\vec{b}|} \quad (|\vec{a}| \neq 0 \wedge |\vec{b}| \neq 0)$$

$$\cos \varphi = \frac{a_x \cdot b_x + a_y \cdot b_y}{\sqrt{a_x^2 + a_y^2} \cdot \sqrt{b_x^2 + b_y^2}}$$

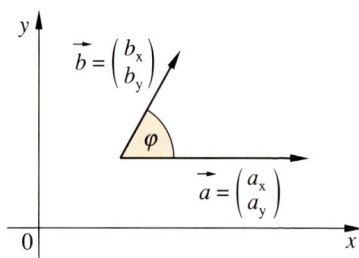

(φ ist der von den Vektoren $\vec{a}$ und $\vec{b}$ eingeschlossene Winkel.)

Rechengesetze beim Skalarprodukt

$$\vec{a} \odot \vec{b} = \vec{b} \odot \vec{a}$$

$$k \cdot (\vec{a} \odot \vec{b}) = (k \cdot \vec{a}) \odot \vec{b}$$

$$\vec{a} \odot (\vec{b} \oplus \vec{c}) = \vec{a} \odot \vec{b} + \vec{a} \odot \vec{c}$$

Orthogonale (zueinander senkrechte) Vektoren

$$\vec{a} \perp \vec{b} \Leftrightarrow \vec{a} \odot \vec{b} = 0 \quad \left(\vec{a} \neq \begin{pmatrix} 0 \\ 0 \end{pmatrix} \wedge \vec{b} \neq \begin{pmatrix} 0 \\ 0 \end{pmatrix} \right)$$

Drehung von Vektoren um $\pm 90°$

$$\begin{pmatrix} v_x \\ v_y \end{pmatrix} \xrightarrow{\varphi = +90°} \begin{pmatrix} -v_y \\ v_x \end{pmatrix}$$

$$\begin{pmatrix} v_x \\ v_y \end{pmatrix} \xrightarrow{\varphi = -90°} \begin{pmatrix} v_y \\ -v_x \end{pmatrix}$$

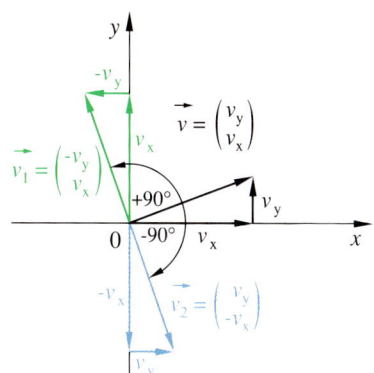

ABBILDUNGEN

Alle Urpunkte $P(x|y)$ der Ebene werden auf die Bildpunkte $P'(x'|y')$ abgebildet. $(x|y); (x'|y') \in \mathbb{R} \times \mathbb{R}$
$P \longmapsto P'$

Multiplikation eines Vektors mit einer Matrix

$$\begin{pmatrix} a & b \\ c & d \end{pmatrix} \odot \begin{pmatrix} x \\ y \end{pmatrix} = \begin{pmatrix} a \cdot x + b \cdot y \\ c \cdot x + d \cdot y \end{pmatrix}$$

Achsenspiegelung

$P \overset{a}{\longmapsto} P' \quad a$: Spiegelachse

Abbildungsvorschrift

① Alle Punkte auf der Spiegelachse sind Fixpunkte $(F = F')$.
② Die Verbindungsstrecken vom Urpunkt P $(P \notin a)$ und dem zugehörigen Bildpunkt P' werden von der Spiegelachse halbiert und stehen auf der Spiegelachse senkrecht.

Eigenschaften: längentreu, winkeltreu, geradentreu, kreistreu

Abbildungsgleichung der Achsenspiegelung an einer Ursprungsgeraden

$$\begin{pmatrix} x' \\ y' \end{pmatrix} = \begin{pmatrix} \cos 2\varphi & \sin 2\varphi \\ \sin 2\varphi & -\cos 2\varphi \end{pmatrix} \odot \begin{pmatrix} x \\ y \end{pmatrix}$$

$$\Leftrightarrow \quad \begin{aligned} & x' = x \cdot \cos 2\varphi + y \cdot \sin 2\varphi \\ \wedge \ & y' = x \cdot \sin 2\varphi - y \cdot \cos 2\varphi \end{aligned}$$

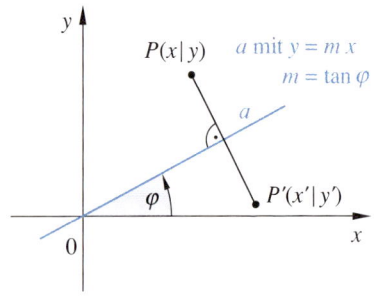

Sonderfälle

Achsenspiegelung an der Winkelhalbierenden des I. und III. Quadranten $(\varphi = 45°)$

$$\begin{pmatrix} x' \\ y' \end{pmatrix} = \begin{pmatrix} 0 & 1 \\ 1 & 0 \end{pmatrix} \odot \begin{pmatrix} x \\ y \end{pmatrix} \iff \begin{vmatrix} x' = y \\ \land\ y' = x \end{vmatrix}$$

Achsenspiegelung an der x-Achse $(\varphi = 0°)$

$$\begin{pmatrix} x' \\ y' \end{pmatrix} = \begin{pmatrix} 1 & 0 \\ 0 & -1 \end{pmatrix} \odot \begin{pmatrix} x \\ y \end{pmatrix} \iff \begin{vmatrix} x' = x \\ \land\ y' = -y \end{vmatrix}$$

Achsenspiegelung an der y-Achse $(\varphi = 90°)$

$$\begin{pmatrix} x' \\ y' \end{pmatrix} = \begin{pmatrix} -1 & 0 \\ 0 & 1 \end{pmatrix} \odot \begin{pmatrix} x \\ y \end{pmatrix} \iff \begin{vmatrix} x' = -x \\ \land\ y' = y \end{vmatrix}$$

F

Drehung

$$P \xmapsto{\ D;\ \varphi\ } P' \quad D\text{: Drehzentrum}$$
φ: Maß des Drehwinkels
($\varphi > 0$: Drehung gegen den Uhrzeigersinn
$\varphi < 0$: Drehung im Uhrzeigersinn)

Abbildungsvorschrift

① Das Drehzentrum D ist Fixpunkt ($D = D'$).
② Die Verbindungsstrecken $[PD]$ von Urpunkt P ($P \neq D$) und Drehzentrum D und $[P'D]$ vom zugehörigen Bildpunkt P' und Drehzentrum D sind gleich lang und schließen den Drehwinkel ein.

Eigenschaften: längentreu, winkeltreu, geradentreu, kreistreu

Abbildungsgleichung einer Drehung um $0\,(0|0)$ mit dem Drehwinkel φ

$$\begin{pmatrix} x' \\ y' \end{pmatrix} = \begin{pmatrix} \cos\varphi & -\sin\varphi \\ \sin\varphi & \cos\varphi \end{pmatrix} \odot \begin{pmatrix} x \\ y \end{pmatrix}$$

$$\Leftrightarrow \quad \begin{array}{l} x' = x \cdot \cos\varphi - y \cdot \sin\varphi \\ \wedge\ y' = x \cdot \sin\varphi + y \cdot \cos\varphi \end{array}$$

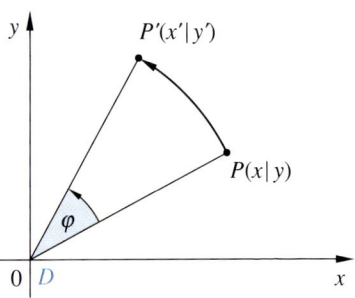

Sonderfälle

Drehung um $\varphi = +90°$ ▶ Drehung von Vektoren S. 57
Drehung um $\varphi = -90°$ ▶ Drehung von Vektoren S. 57
Drehung um $\varphi = 180°$ ▶ Punktspiegelung S. 60

Punktspiegelung

F

$$P \overset{Z}{\longmapsto} P' \qquad Z\text{: Spiegelzentrum}$$

Abbildungsvorschrift

① Das Spiegelzentrum Z ist Fixpunkt $(Z = Z')$.
② Die Verbindungsstrecken $[PP']$ vom Urpunkt $P\,(P \neq Z)$ und dem zugehörigen Bildpunkt P' werden vom Zentrum Z halbiert.

$$\overrightarrow{ZP'} = \overrightarrow{PZ}$$

Eigenschaften: längentreu, winkeltreu, geradentreu, kreistreu

Abbildungsgleichung einer Punktspiegelung mit
Spiegelzentrum $Z\,(x_z | y_z) \qquad (x_z | y_z) \in \mathbb{R} \times \mathbb{R}$

$$\begin{pmatrix} x' \\ y' \end{pmatrix} = \begin{pmatrix} -1 & 0 \\ 0 & -1 \end{pmatrix} \odot \begin{pmatrix} x \\ y \end{pmatrix} \oplus \begin{pmatrix} 2\,x_z \\ 2\,y_z \end{pmatrix}$$

$$\Leftrightarrow \quad \begin{array}{l} x' = -x + 2\,x_z \\ \wedge\ y' = -y + 2\,y_z \end{array}$$

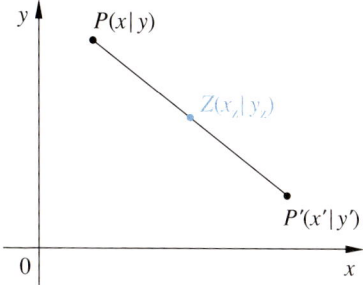

Parallelverschiebung

▶ Vektor S. 54

$$P \overset{\vec{v}}{\longmapsto} P' \quad \vec{v}: \text{Verschiebungsvektor}$$

Abbildungsvorschrift

Die Pfeile $\overrightarrow{PP'}$ mit Urpunkt P als Fuß und dem zugehörigen Bildpunkt P' als Spitze bilden den Verschiebungsvektor $\vec{v}$.

$$\overrightarrow{PP'} = \vec{v}$$

Eigenschaften: längentreu, winkeltreu, geradentreu, kreistreu

Abbildungsgleichung einer Parallelverschiebung mit

dem Verschiebungsvektor $\vec{v} = \begin{pmatrix} v_x \\ v_y \end{pmatrix} \quad v_x, \, v_y \in \mathbb{R}$

$$\begin{pmatrix} x' \\ y' \end{pmatrix} = \begin{pmatrix} x \\ y \end{pmatrix} \oplus \begin{pmatrix} v_x \\ v_y \end{pmatrix}$$

$$\Leftrightarrow \quad \begin{vmatrix} x' = x + v_x \\ \wedge \ y' = y + v_y \end{vmatrix}$$

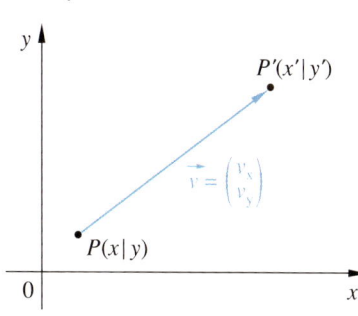

Zentrische Streckung

▶ S-Multiplikation S. 55
▶ Vierstreckensatz S. 41

$$P \xmapsto{\;Z;\,k\;} P'$$ Z: Streckungszentrum k: Streckungsfaktor $(k \in \mathbb{R}\backslash\{0\})$

Abbildungsvorschrift

① Das Streckungszentrum Z ist Fixpunkt $(Z = Z')$.
② Das Streckungszentrum Z, der Urpunkt P $(P \neq Z)$ und der zugehörige Bildpunkt P' liegen auf einer Geraden und es gilt $\overrightarrow{ZP'} = k \cdot \overrightarrow{ZP}$.

Eigenschaften: verhältnistreu, winkeltreu, geradentreu, kreistreu

$k > 0$	$k < 0$

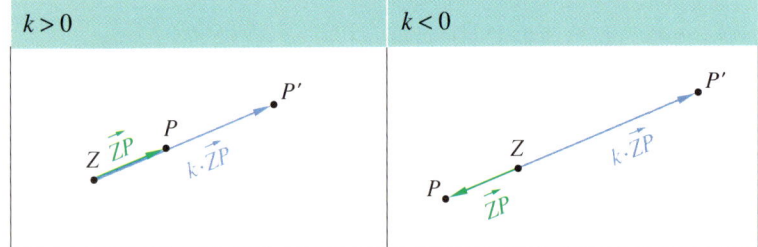

Abbildungsgleichung einer zentrischen Streckung mit dem Streckungszentrum $Z\,(0\,|\,0)$ und dem Streckungsfaktor k

$$\begin{pmatrix} x' \\ y' \end{pmatrix} = \begin{pmatrix} k & 0 \\ 0 & k \end{pmatrix} \odot \begin{pmatrix} x \\ y \end{pmatrix}$$

$$\Leftrightarrow \quad \begin{vmatrix} x' = k \cdot x \\ \wedge\, y' = k \cdot y \end{vmatrix}$$

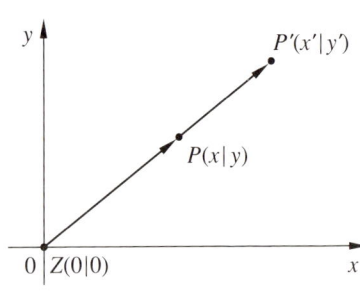

Sonderfall

$k = -1 \rightarrow$ Punktspiegelung mit Spiegelzentrum Z

Scherung

$P \xrightarrow{s;\, \varphi} P'$ s: Scherungsachse φ: Scherungswinkel $(-90° < \varphi < 90°)$

Abbildungsvorschrift

① Alle Punkte auf der Scherungsachse sind Fixpunkte $(F = F')$.
② Die Gerade PP' ist parallel zur Scherungsachse. Das Lot $[PF]$ vom Urpunkt $P\,(P \notin s)$ auf die Scherungsachse schließt mit dem Bild $[P'F]$ den Scherungswinkel ein.

Eigenschaften: geradentreu, teilverhältnistreu, flächentreu

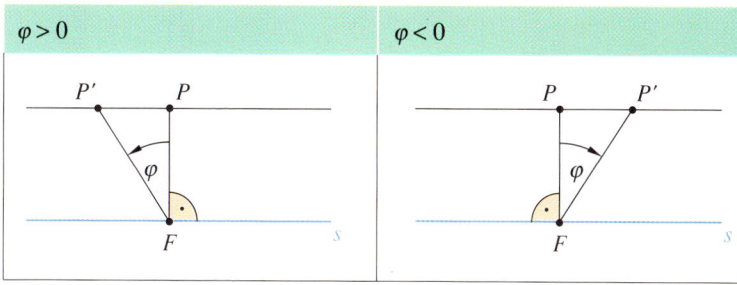

F

Abbildungsgleichung einer Scherung mit der x-Achse als Scherungsachse und dem Scherungswinkel φ

$$\begin{pmatrix} x' \\ y' \end{pmatrix} = \begin{pmatrix} 1 & -\tan\varphi \\ 0 & 1 \end{pmatrix} \odot \begin{pmatrix} x \\ y \end{pmatrix}$$

$\Leftrightarrow \quad \begin{vmatrix} x' = x - y \cdot \tan\varphi \\ \wedge\; y' = y \end{vmatrix}$

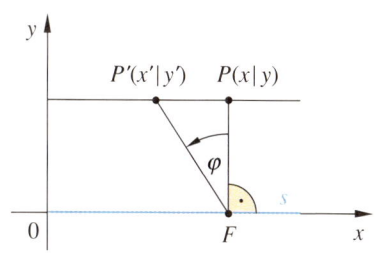

Orthogonale Affinität

$P \xmapsto{s;\,k} P'$ s: Affinitätsachse k: Affinitätsfaktor ($k \neq 0$)

Abbildungsvorschrift

① Alle Punkte auf der Affinitätsachse sind Fixpunkte ($F = F'$).
② Ist F der Fußpunkt des Lotes $[PF]$ von P ($P \notin s$) auf die Affinitätsachse s, so gilt $\overrightarrow{FP'} = k \cdot \overrightarrow{FP}$.

Eigenschaften: geradentreu, teilverhältnistreu

$k > 0$	$k < 0$
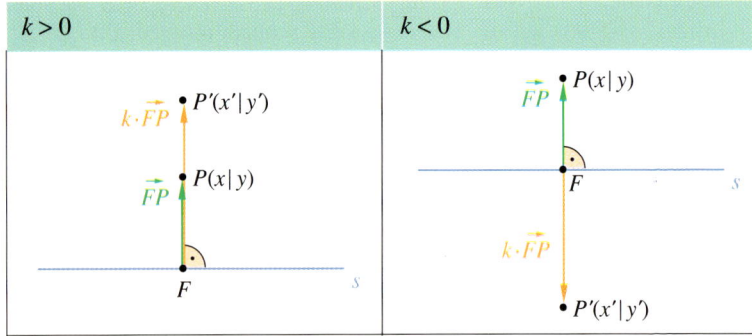	

Abbildungsgleichung einer orthogonalen Affinität mit der x-Achse als Affinitätsachse und dem Affinitätsfaktor k

$$\begin{pmatrix} x' \\ y' \end{pmatrix} = \begin{pmatrix} 1 & 0 \\ 0 & k \end{pmatrix} \odot \begin{pmatrix} x \\ y \end{pmatrix}$$

$\Leftrightarrow \quad \begin{vmatrix} x' = x \\ \wedge\, y' = k \cdot y \end{vmatrix}$

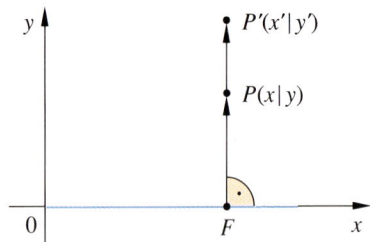

AUSWAHL PHYSIKALISCHER GRÖSSEN

Größe	Größen-zeichen	Einheit		Weitere Einheiten		Beziehungen	Formel, Gleichung
Länge Weg	l s	1 Meter	1 m				
Fläche Querschnitts-fläche	A	1 Quadrat-meter	1 m²	1 Ar 1 Hektar	1 a 1 ha	1 a = 100 m² 1 ha = 100 a = 10 000 m²	▶ Math. S. 38, 42, 45 ff.
Volumen	V	1 Kubik-meter	1 m³	1 Liter	1 l	1 l = 1 dm³ = 0,001 m³	▶ Math. S. 50–53
Masse	m	1 Kilo-gramm	1 kg	1 Gramm 1 Tonne	1 g 1 t	1 g = 10⁻³ kg 1 t = 10³ kg	$m = \rho \cdot V$ ρ ▶ S. 81
Dichte	ρ (Rho)	1 Gramm durch Kubik-zentimeter	$1\,\frac{g}{cm^3}$	1 Kilo-gramm durch Kubik-dezimeter	$1\,\frac{kg}{dm^3}$	$1\,\frac{g}{cm^3} = 1\,\frac{kg}{dm^3}$	$\rho = \dfrac{m}{V}$ ρ ▶ S. 81
Kraft Gewichts-kraft	$\vec{F}$ [1] $\vec{F}_G$ [1] [1]$|\vec{F}| = F$	1 Newton	1 N			$1\,N = 1\,\dfrac{kg \cdot m}{s^2}$	$F = m \cdot a$ a: Beschleu-nigung $F_G = m \cdot g$ $\left(g = 9,81\,\dfrac{m}{s^2}\right)$
Druck	p	1 Pascal	1 Pa	1 Bar 1 bar 1 Millibar 1 mbar 1 Hektopascal 1 hPa		$1\,Pa = 1\,\dfrac{N}{m^2}$ 1 bar = 10⁵ Pa = 1000 mbar 1 mbar = 1 hPa = 10² Pa = 100 Pa	$p = \dfrac{F}{A}$ Wirkungs-linie von F senkrecht zu A
Dreh-moment	M	1 Newton-meter	1 Nm				$M = F \cdot a$ a: Hebelarm senkrecht zu F

G

Größe	Größen-zeichen	Einheit		Weitere Einheiten	Beziehungen	Formel, Gleichung
Zeit	t	1 Sekunde	1 s	1 Minute 1 min 1 Stunde 1 h 1 Tag 1 d 1 Jahr 1 a	1 min = 60 s 1 h = 60 min = 3600 s 1 d = 24 h = 1440 min = 86400 s	
Frequenz	f	1 Hertz	1 Hz	1 Kilohertz 1 kHz	$1\,\text{Hz} = \dfrac{1}{\text{s}}$	$f = \dfrac{n}{t}$ n: Anzahl der Schwingungen
Geschwindigkeit	$\vec{v}\,^2)$ $^2)\;|\vec{v}| = v$	1 Meter durch Sekunde	$1\,\dfrac{\text{m}}{\text{s}}$	1 Kilometer durch Stunde $1\,\dfrac{\text{km}}{\text{h}}$	$1\,\dfrac{\text{km}}{\text{h}}$ $= 0{,}278\,\dfrac{\text{m}}{\text{s}}$ $1\,\dfrac{\text{m}}{\text{s}} = 3{,}6\,\dfrac{\text{km}}{\text{h}}$	$v = \dfrac{\text{s}}{\text{t}}$ wenn bei $t = 0\,\text{s}$ auch $s = 0\,\text{m}$
Beschleunigung	a	1 Meter durch Sekunde hoch zwei	$1\,\dfrac{\text{m}}{\text{s}^2}$			$a = \dfrac{\Delta v}{\Delta t}$ Δv: Geschwindigkeitsänderung
Temperatur	T ϑ (Theta)	1 Kelvin 1 Grad Celcius	1 K 1 °C		0 K = −273,15 °C 0 °C = 273,15 K	
Brechkraft	D	1 Dioptrie	1 dpt		$1\,\text{dpt} = \dfrac{1}{\text{m}}$	$D = \dfrac{1}{f}$ f: Brennweite
elektrische Stromstärke	I	1 Ampere	1 A			
elektrische Ladung	Q	1 Coulomb	1 C	1 Amperesekunde 1 As	1 C = 1 As	$Q = I \cdot t$

G

Größe	Größen-zeichen	Einheit		Weitere Einheiten	Beziehungen	Formel, Gleichung
elektrische Spannung	U	1 Volt	1 V		$1\,V = 1\,\dfrac{W}{A}$ $= 1\,\dfrac{Ws}{As}$	$U = \dfrac{P}{I} = \dfrac{W}{Q}$
elektrischer Widerstand	R	1 Ohm	1 Ω		$1\,\Omega = 1\,\dfrac{V}{A}$	$R = \dfrac{U}{I}$
Energie Arbeit	W	1 Joule	1 J	1 Newton-meter 1 Nm 1 Watt- 1 Ws sekunde 1 Kilowatt-stunde 1 kWh	$1\,J = 1\,Nm$ $= 1\,Ws$ $= 1\,\dfrac{kg\,m^2}{s^2}$ $1\,kWh = 3{,}6\,MJ$	W_{mech} $= F \cdot s\ (F \parallel s)$ W_{therm} $= c \cdot m \cdot \Delta T$ $W_{elektr.}$ $= U \cdot I \cdot t$
Energie-strom Leistung	P	1 Watt	1 W		$1\,W = 1\,\dfrac{Nm}{s}$ $= 1\,\dfrac{J}{s}$	$P = \dfrac{W}{t}$
Aktivität	A	1 Becquerel	1 Bq		$1\,Bq = \dfrac{1}{s}$	$A = \dfrac{\text{Anzahl der Zerfälle}}{\text{Zeit}}$
Energie-dosis	D	1 Gray	1 Gy		$1\,Gy = 1\,\dfrac{J}{kg}$	$D = \dfrac{\text{Absorbierte Energie}}{\text{Masse}}$
Äquivalent-dosis	H	1 Sievert	1 Sv		$1\,Sv = 1\,\dfrac{J}{kg}$	$H = D \cdot q$ D: biolog. Wirkungs-faktor

G

AUSWAHL PHYSIKALISCHER GESETZMÄSSIGKEITEN

Kräfte

Mechanisch bewirkte Längenänderung

Gesetz von Hook $F = D \cdot \Delta s$

F: auf die Feder ausgeübte Kraft

D: Federkonstante, von der Beschaffenheit der Feder abhängig

Δs: durch die Kraft F bewirkte Dehnung der Feder

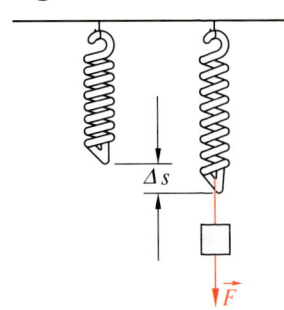

Hebelgesetz

Gleichgewichtsbedingung:

$$F_1 \cdot a_1 + F_2 \cdot a_2 + \dots = F_3 \cdot a_3 + F_4 \cdot a_4 \dots$$

$$M_{r1} + M_{r2} + \dots = M_{l1} + M_{l2} \dots$$

M_{rn}: rechtsdrehende Drehmomente

M_{ln}: linksdrehende Drehmomente

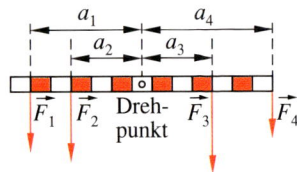

H Kräfteparallelogramm

Das Zusammenwirken mehrerer Kräfte kann durch Kräfteparallelogramme beschrieben werden:

Zusammensetzung von Kräften

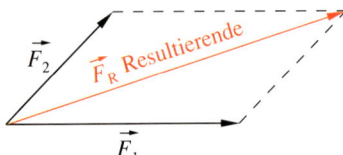

$\vec{F_1}$ und $\vec{F_2}$: gegebene Kräfte

$\vec{F_R}$: Resultierende, sie hat dieselbe Wirkung wie $\vec{F_1}$ und $\vec{F_2}$ zusammen

Zerlegung einer Kraft

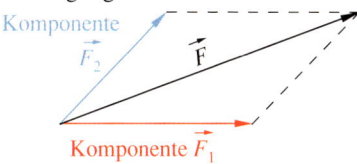

$\vec{F}$: Gegebene Kraft

$\vec{F}_1$ und $\vec{F}_2$: Komponenten, die zusammen dieselbe Wirkung haben wie $\vec{F}$

Reibung $F_R = \mu \cdot F_N$

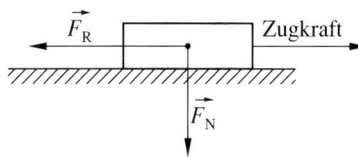

F_R: Kraft parallel zu den Reibungsflächen

μ: Reibungszahl, abhängig von den Reibungspartnern und der Art der Reibung ▶ Tab. S. 82

F_N: Kraft senkrecht zu der Reibungsfläche

Bewegungen

Gleichförmige Bewegung

Weg-Zeit-Gesetz

$s = v \cdot t$

s: in der Zeit t zurückgelegter Weg

v: Geschwindigkeit

t: zum Durchlaufen des Weges s benötigte Zeit

Gleichmäßig beschleunigte Bewegung

Geschwindigkeit-Zeit-Gesetz

$v = a \cdot t$

v: Geschwindigkeit nach der Zeit t

a: Beschleunigung

t: Zeit der Einwirkung der Beschleunigung

Weg-Zeit-Gesetz

$s = \dfrac{1}{2} \cdot a \cdot t^2$

s: in der Zeit t zurückgelegter Weg

a: Beschleunigung

t: Zeit der Einwirkung der Beschleunigung

H

Bremsweg

$$s = \frac{1}{2} \cdot v \cdot t$$

s: Bremsweg
v: Anfangsgeschwindigkeit
t: Bremszeit

freier Fall

Geschwindigkeit-Zeit-Gesetz

$$v = g \cdot t$$

Normal-Fallbeschleunigung:

Weg-Zeit-Gesetz $\quad s = \frac{1}{2} \cdot g \cdot t^2$

$$g = 9{,}81 \, \frac{\mathrm{m}}{\mathrm{s}^2}$$

Geschwindigkeit-Weg-Gesetz

$$v = \sqrt{2 \cdot g \cdot s}$$

Flüssigkeiten und Gase

Kraftübertragung in abgeschlossenen Flüssigkeiten – hydraulisches Prinzip

Kräftegleichgewicht

$$p_1 = p_2$$

$$\frac{F_1}{F_2} = \frac{A_1}{A_2}$$

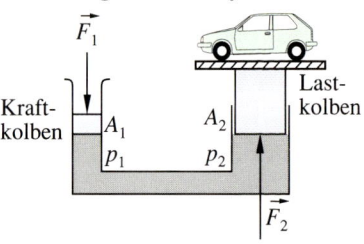

H

Schweredruck in ruhenden offenen Flüssigkeiten

$$p = \rho \cdot g \cdot h$$

p: Druck in der Tiefe h
ρ: Dichte der Flüssigkeit ▶ Tab. S. 81
g: Ortsfaktor $(9{,}81 \, \frac{\mathrm{m}}{\mathrm{s}^2})$
h: Höhe der Flüssigkeitssäule

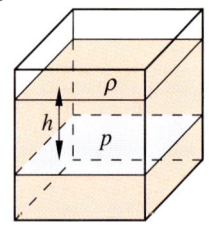

Auftrieb in Flüssigkeiten und Gasen
Archimedisches Gesetz

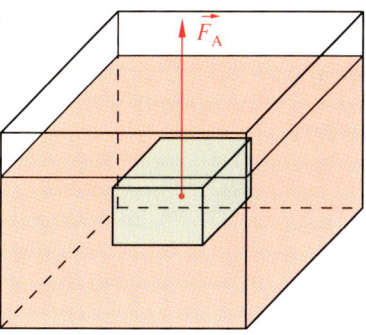

$F_A = g \cdot \rho \cdot V$

F_A: Auftriebskraft

g: Ortsfaktor $(9{,}81\,\dfrac{m}{s^2})$

ρ: Dichte der Flüssigkeit oder des Gases ▶ Tab. S. 81

V: Volumen des vom Körper verdrängten Gases oder der Flüssigkeit

Zusammenhang von Druck und Volumen in Gasen

Gesetz von Boyle-Mariotte

Bei *gleichbleibender* Temperatur gilt für ein abgeschlossenes Gasvolumen:

$V_1 \cdot p_1 = V_2 \cdot p_2$ bzw. $V \cdot p = \text{konstant}$

▶ auch allgemeines Gasgesetz S. 74

Optik

Reflexionsgesetz

Einfallswinkel α
= Reflexionswinkel β

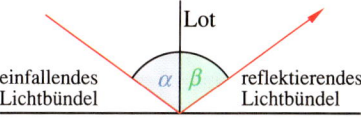

Der einfallende Lichtstrahl, das Einfallslot und der reflektierte Lichtstrahl liegen in einer Ebene.

H

Brechungsgesetz

Für jeden beliebigen Kreis um den Auftreffpunkt des Lichtstrahls gilt:

$\dfrac{s_1}{s_2} = n$

s_1: Lotlänge vom Schnittpunkt einfallender Strahl mit Kreislinie auf das Einfallslot

s_2: Lotlänge vom Schnittpunkt gebrochener Strahl mit Kreislinie auf das Einfallslot

n: Konstante Brechzahl für den Stoff 2 gegenüber dem Stoff 1
▶ Tab. S. 82

Für die Brechung vom optisch dünneren in den optisch dichteren Stoff gilt:

$\alpha > \beta$ (Einfallswinkel > Brechungswinkel)

Für die Brechung vom optisch dichteren in den optisch dünneren Stoff gilt:

$\alpha < \beta$ (Einfallswinkel < Brechungswinkel)

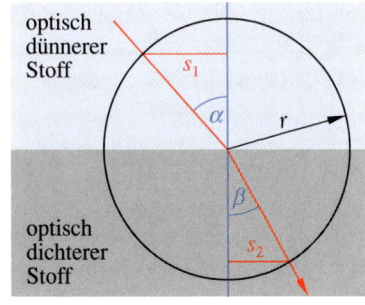

Totalreflexion

Ist der Einfallswinkel beim Übergang vom optisch dichteren in den optisch dünneren Stoff größer als der Grenzwinkel, so durchdringt kein Licht die Grenzfläche, sondern der ganze Lichtstrahl wird total reflektiert.

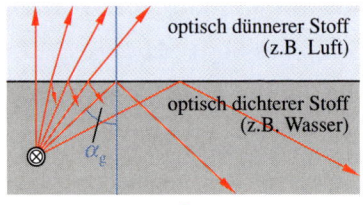

α_g: Grenzwinkel ▶ Tab. S. 82

Abbildungsgesetze an Linsen

Abbildungsmaßstab

$$A = \frac{B}{G} = \frac{b}{g}$$

H

A: Abbildungsmaßstab
G: Gegenstandsgröße
B: Bildgröße
g: Gegenstandsweite
b: Bildweite

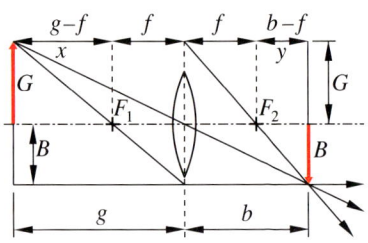

Linsengleichung

$$\frac{1}{f} = \frac{1}{g} + \frac{1}{b} \quad \text{oder } x \cdot y = f^2$$

f: Brennweite

PHYSIK

Wärmelehre

Thermisch zugeführte oder abgegebene Energie

$W = c \cdot m \cdot \Delta\vartheta$

W: thermisch zugeführte oder entzogene Energie

c: spezifische Wärmekapazität
des Stoffes des Körpers
▶ Tab. S. 84

m: Masse des Körpers

$\Delta\vartheta$: durch die Energie bewirkte
Temperaturdifferenz

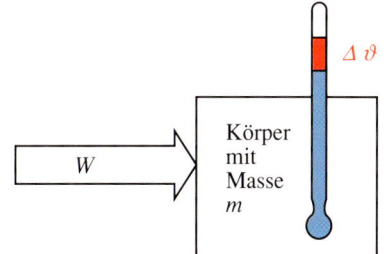

Thermisch bewirkte Längenänderung fester Körper

$\Delta l = \alpha \cdot l_0 \cdot \Delta\vartheta$

l_0: Anfangslänge

α: Längenänderungskoeffizient
▶ Tab. S. 84

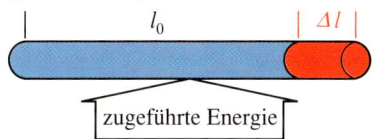

Thermisch bewirkte Volumenänderung fester Körper und Flüssigkeiten

$\Delta V = \gamma \cdot V_0 \cdot \Delta\vartheta$

V_0: Anfangsvolumen

γ: Volumenänderungskoeffizient feste Körper ▶ Tab. S. 84
Näherungsweise gilt: $\gamma = 3\alpha$

γ: Volumenänderungskoeffizient Flüssigkeiten ▶ Tab. S. 84

Gasgesetze

Um den Zustand eines abgeschlossenen Gases vollständig zu beschreiben,
müssen die drei *Zustandsgrößen Volumen, Temperatur und Druck* angege-
ben werden.

Temperaturänderung bei *konstantem Druck*
– Gesetz von Gay-Lussac

$\Delta V = \dfrac{1}{273\,\text{K}} \cdot V_0 \cdot \Delta\vartheta \quad (p = \text{konst.})$ V_0: Volumen bei $0\,°C$
▶ allgemeines Gasgesetz S. 74

H

Temperaturänderung bei *konstantem Volumen*
– Gesetz von Amontons

$$\Delta p = \frac{1}{273\,\text{K}} \cdot p_0 \cdot \Delta\vartheta \quad (V = \text{konst.})$$

p_0: Druck bei 0 °C

▶ auch allgemeines Gasgesetz

Allgemeines Gasgesetz

$$\frac{p_1 \cdot V_1}{T_1} = \frac{p_2 \cdot V_2}{T_2} \quad \text{oder} \quad \frac{p \cdot V}{T} = \text{konst.}$$

Sonderfälle:

p = konst. Gesetz von Gay-Lussac	V = konst. Gesetz von Amontons	T = konst. Gesetz von Boyle-Mariotte
$\dfrac{V_1}{T_1} = \dfrac{V_2}{T_2}$	$\dfrac{p_1}{T_1} = \dfrac{p_2}{T_2}$	$p_1 \cdot V_1 = p_2 \cdot V_2$
$V \sim T$	$p \sim T$	$p \cdot V = \text{konst.}$

Elektrizität

H

Gesetz von Ohm

Gilt für einen Leiter $U \sim I$, so sagt man, es gilt für ihn das ohmsche Gesetz.

Widerstand

Widerstand und Leiterabmessungen eines Drahtes $\quad R = \rho \cdot \dfrac{l}{A}$

R: Widerstand des festen Leiters
ρ: spezifischer Widerstand ▶ Tab. S. 85
l: Länge des Drahtes
A: Querschnittsfläche des Drahtes

Reihenschaltung von Widerständen

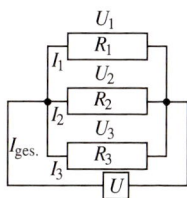

$R_{\text{ges.}} = R_1 + R_2 + R_3$

$I = I_1 = I_2 = I_3$

$U_{\text{ges.}} = U_1 + U_2 + U_3$

$U_1 : U_2 : U_3 = R_1 : R_2 : R_3$

Parallelschaltung von Widerständen

$$\frac{1}{R_{\text{ges.}}} = \frac{1}{R_1} + \frac{1}{R_2} + \frac{1}{R_3}$$

$I_{\text{ges.}} = I_1 + I_2 + I_3$

$U = U_1 = U_2 = U_3$

Innenwiderstand einer Spannungsquelle

$U_{\text{bel.}} = U_0 - R_{\text{i}} \cdot I$

$U_{\text{bel.}}$:	Klemmenspannung bei Belastung der Spannungsquelle
U_0:	Klemmenspannung bei unbelasteter Spannungsquelle
R_{i}:	Innenwiderstand der Spannungsquelle
I:	Stromstärke im Stromkreis

Bewegte Ladungsträger im Magnetfeld

Werden Ladungsträger (Elektronen) in einem Magnetfeld senkrecht zu den Feldlinien bewegt, so wirken auf sie Lorentzkräfte. Den Zusammenhang zwischen Richtung der Magnetfeldlinien, der Bewegungsrichtung der Elektronen und der Richtung der Lorentzkräfte beschreibt die „Linke-Hand-Regel":

H

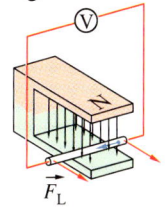
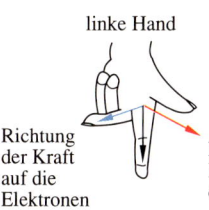
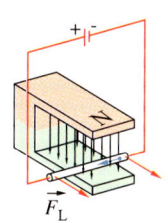

linke Hand

Richtung der Kraft auf die Elektronen

Richtung der Bewegung des Leiters

Richtung des Magnetfeldes

$\vec{F}_{\text{L}}$

Transformator

Unbelasteter Transformator   Belasteter Transformator

$$\frac{U_1}{U_2} = \frac{n_1}{n_2}$$ $$\frac{I_1}{I_2} = \frac{n_2}{n_1}$$

I_1:   Stromstärke im Stromkreis mit Spule 1
I_2:   Stromstärke im Stromkreis mit Spule 2
U_1: Spannung an der Spule 1
U_2: Spannung an der Spule 2
n_1: Anzahl der Windungen der Spule 1
n_2: Anzahl der Windungen der Spule 2

Transistor

Stromverstärkungsfaktor

$$\beta = \frac{\Delta I_C}{\Delta I_B}$$

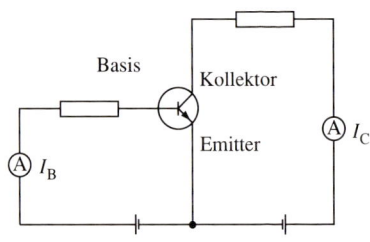

I_C: Stromstärke im Kollektorstromkreis
I_B: Stromstärke im Basisstromkreis

H Energie

Energie – Modellvorstellung

Energie
– benötigt einen Träger (z. B. einen Körper),
– ist einem Körper (bzw. einem System) zueigen (*Speichergröße*),
– kann von einem Körper auf einen anderen Körper übertragen werden, was Körper in die Lage versetzt, bestimmte Wirkungen (z. B. physikalische Arbeit) zu zeigen (*Übertragungsgröße*),
– geht nicht verloren, sie ist aber in verschiedene Formen wandelbar (*Erhaltungssatz*).

Mechanische Energieformen

Übertragungsformen (Arbeit):

Hubarbeit $W_{hub} = F_g \cdot h$

F_g: Gewichtskraft des Körpers
h: Hubhöhe des Körpers

Reibungsarbeit $W_r = F_r \cdot s$

F_r: Reibungskraft parallel zu s
s: Weg, entlang dem die Reibungskraft wirkt

Beschleunigungsarbeit, Verformungsarbeit, Spannarbeit

Speicherformen:
potentielle Energie $E_{pot} = m \cdot g \cdot h$

E_{pot}: Energie, die der Körper durch seine Lage zur Erde (oder zu einem anderen Körper) hat
m: Masse des Körpers
g: Ortfaktor
h: Abstand des Körpers zur Erde (zum anderen Körper)

kinetische Energie $E_{kin} = \dfrac{1}{2} \cdot m \cdot v^2$

E_{kin}: Energie, die der Körper durch seine Bewegung hat
m: Masse des Körpers
v: Geschwindigkeit des Körpers

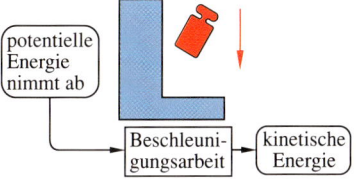

Thermische Energieformen

Übertragungsformen:

Wärme $W_{th} = c \cdot m \cdot \Delta\vartheta$

W_{th}: thermisch zugeführte oder entzogene Energie
c: spezifische Wärmekapazität des Stoffes des Körpers ▶ Tab. S. 84
m: Masse des Körpers
$\Delta\vartheta$:   durch die Energie bewirkte Temperaturdifferenz

Umwandlungswärme $\quad W = q \cdot m$

W: Zum Schmelzen oder Verdampfen bzw. Erstarren oder Kondensieren nötige bzw. freiwerdende Energie (T = konst.)

q: spezifische Umwandlungswärme
für Schmelzen, Erstarren ▶ Tab. S. 83
für Verdampfen, Kondensieren ▶ Tab. S. 83

m: Masse des Körpers

Speicherform: Innere Energie U

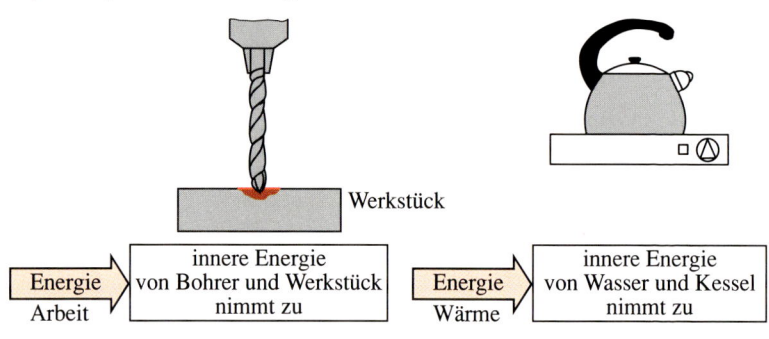

| Energie Arbeit | innere Energie von Bohrer und Werkstück nimmt zu | Energie Wärme | innere Energie von Wasser und Kessel nimmt zu |

Elektrische Energieformen

Übertragungsform: elektrische Energie $\quad W_{el} = U \cdot I \cdot t$

Speicherform: Energie im elektrischen Feld

Erster Hauptsatz $\quad W_{th} = \Delta U + W_A$

W_{th}: dem Gas thermisch zugeführte Energie

ΔU: Erhöhung der inneren Energie des Gases

W_A: Ausdehnungsarbeit

F: Kraft, mit der die Ausdehnungsarbeit verrichtet wird

s: Weg, über den die Kraft wirkt

ΔV: Volumenänderung

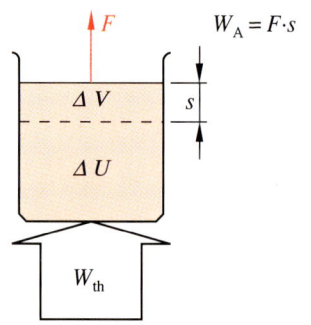

$W_A = F \cdot s$

Ausdehnungsarbeit: $\quad W_A = p \cdot \Delta V$

Zweiter Hauptsatz

Sätze zur *Entwertung der Energie*:
– Energie wird durch den Gebrauch entwertet: Sie ist nicht noch einmal für denselben Zweck zu gebrauchen.
– Jeder von selbst ablaufende Vorgang geht mit Entwertung der Energie einher.
– Ein Vorgang, der von selbst abläuft, kann nicht auch in umgekehrter Richtung von selbst ablaufen.

Wirkungsgrad

$$\eta = \frac{\text{Nutzenergie}}{\text{zugeführte Energie}}$$

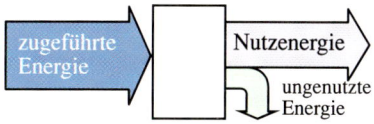

Radioaktiver Zerfall

Zerfallsgesetz

$$N_t = N_0 \cdot \left(\frac{1}{2}\right)^{\frac{t}{T}}$$

N_t: Anzahl der nach der Zeit t noch radioaktiven Teilchen
N_0: Anzahl der zur Zeit $t = 0$ s radioaktiven Teilchen
t: Beobachtungszeitraum des Zerfalls
T: Halbwertszeit des radioaktiven Stoffes ▶ Tab. S. 88

H

Zerfallsreihen

Alpha-Zerfall: $^A_Z X \rightarrow ^{A-4}_{Z-2} Y + ^4_2 He$

Beta-Zerfall: $^A_Z X \rightarrow ^A_{Z+1} Y + ^0_{-1} e$

A: Massenzahl (Anzahl der Protonen und Neutronen)
Z: Ordnungszahl (Kernladungszahl – Anzahl der Protonen)
X: instabiler Kern
Y: durch radioaktiven Zerfall entstandener Kern

Uran-Radium-Reihe	Thorium-Reihe	Uran-Actinium-Reihe	Neptunium-Reihe

Uran-Radium-Reihe

^{238}U
$\downarrow \alpha$
^{234}Th
$\downarrow \beta$
^{234}Pa
$\downarrow \beta$
^{234}U
$\downarrow \alpha$
^{230}Th
$\downarrow \alpha$
^{226}Ra
$\downarrow \alpha$
^{222}Rn
$\downarrow \alpha$
^{218}Po
$\alpha \swarrow \searrow \beta$
^{214}Pb $\quad ^{218}$At
$\beta \searrow \swarrow \alpha$
^{214}Bi
$\beta \swarrow \searrow \alpha$
^{214}Po $\quad ^{210}$Tl
$\alpha \searrow \swarrow \beta$
^{210}Pb
$\downarrow \beta$
^{210}Bi
$\beta \swarrow \searrow \alpha$
^{210}Po $\quad ^{206}$Tl
$\alpha \searrow \swarrow \beta$
^{206}Pb

Thorium-Reihe

^{232}Th
$\downarrow \alpha$
^{228}Ra
$\downarrow \beta$
^{228}Ac
$\downarrow \beta$
^{228}Th
$\downarrow \alpha$
^{224}Ra
$\downarrow \alpha$
^{220}Rn
$\downarrow \alpha$
^{216}Po
$\alpha \swarrow \searrow \beta$
^{212}Pb $\quad ^{216}$At
$\beta \searrow \swarrow \alpha$
^{212}Bi
$\beta \swarrow \searrow \alpha$
^{212}Po $\quad ^{208}$Tl
$\alpha \searrow \swarrow \beta$
^{208}Pb

Uran-Actinium-Reihe

^{235}U
$\downarrow \alpha$
^{231}Th
$\downarrow \beta$
^{231}Pa
$\downarrow \alpha$
^{227}Ac
$\beta \swarrow \searrow \alpha$
^{227}Th $\quad ^{223}$Fr
$\alpha \searrow \swarrow \beta$
^{223}Ra
$\downarrow \alpha$
^{219}Rn
$\downarrow \alpha$
^{215}Po
$\alpha \swarrow \searrow \beta$
^{211}Pb $\quad ^{215}$At
$\beta \searrow \swarrow \alpha$
^{211}Bi
$\beta \swarrow \searrow \alpha$
^{211}Po $\quad ^{207}$Tl
$\alpha \searrow \swarrow \beta$
^{207}Pb

Neptunium-Reihe

^{241}Pu
$\downarrow \beta$
^{241}Am
$\downarrow \alpha$
^{237}Np
$\downarrow \alpha$
^{233}Pa
$\downarrow \beta$
^{233}U
$\downarrow \alpha$
^{229}Th
$\downarrow \alpha$
^{225}Ra
$\downarrow \beta$
^{225}Ac
$\downarrow \alpha$
^{221}Fr
$\downarrow \alpha$
^{217}At
$\downarrow \alpha$
^{213}Bi
$\beta \swarrow \searrow \alpha$
^{213}Po $\quad ^{209}$Tl
$\alpha \searrow \swarrow \beta$
^{209}Pb
$\downarrow \beta$
^{209}Bi

H

Eigenschaften verschiedener Stoffe

Dichte fester Stoffe (bei 20 °C)	
Stoff	ρ in $\frac{g}{cm^3}$
Aluminium	2,70
Balsaholz	0,1
Beton	1,5 bis 2,4
Blei	11,3
Butter	0,86
Eis (0°C)	0,92
Eisen	7,87
Glas	ca. 2,6
Gold	19,3
Granit	ca. 2,8
Gummi	0,9 bis 1,0
Holz	0,4 bis 0,8
Kohlenstoff	
Graphit	2,25
Diamant	3,52
Kork	0,2 bis 0,4
Kunststoff (PVC)	ca. 1,4
Kupfer	8,96
Marmor	ca. 2,8
Messing	ca. 8,5
Nickel	8,90
Platin	21,5
Plexiglas	1,2
Sand	ca. 1,5
Silber	10,5
Stahl	7,8 bis 7,9
Stearin	ca. 0,9
Styropor	0,015
Zink	7,13
Zinn	7,28

Dichte flüssiger Stoffe (bei 20 °C)		
Stoff		ρ in $\frac{g}{cm^3}$
Alkohol (Ethanol)		0,79
Benzin	ca.	0,7
Glycerin		1,26
Milch		1,03
Quecksilber		13,55
Salzwasser	ca.	1,03
Schwefelsäure, konzentriert		1,83
Terpentinöl		0,86
Wasser (4 °C)		1,00

Dichte von Gasen (bei 0 °C und 1013 Pa)	
Stoff	ρ in $\frac{g}{l}$
Butan	ca. 2,73
Erdgas	ca. 0,7
Helium	ca. 0,18
Luft	ca. 1,29
Methan	ca. 0,72
Propan	ca. 2,01
Wasserstoff	ca. 0,09

Schallgeschwindigkeit

Stoff (bei 20 °C)	vom Schall in 1 s zurückgelegter Weg
Beton	3900 m
Buchenholz	ca. 3300 m
Glas	4000 bis 4500 m
Luft	344 m
Marmor	5300 m
Meerwasser	1522 m
Stahl	5000 m
Wasser	1483 m
Ziegelstein	3100 m

Brechzahlen

Medienpaar	
Vakuum – Luft	1,0003
Luft – Benzol	1,5014
Luft – Diamant	2,4173
Luft – Eis	1,3091
Luft – Flintglas	1,7
Luft – Glycerin	1,455
Luft – Kronglas	1,52
Luft – Plexiglas	1,491
Luft – Silberchlorid	2,071
Luft – Wasser	1,333

Reibungszahlen

Reibungspartner	Reibungszahlen	
	μ_{Haft}	μ_{Gleit}
Holz auf Stein	0,70	0,30
Holz auf Holz	0,50	0,30
Stahl auf Stahl	0,15	0,12
Stahl auf Stahl (geschmiert)	0,10	0,05
Stahl auf Eis	0,03	0,01
Autoreifen auf		
trockenem Asphalt	1,0	0,9
nassem Asphalt	0,8	0,6
vereistem Asphalt	0,2	0,1
M- und S-Reifen auf Eis	0,4	0,16

Grenzwinkel der Totalreflexion

Stoffpaar	Grenzwinkel α_g
Wasser – Luft	48,5°
Kronglas – Luft	42°
Plexiglas – Luft	42°
Flintglas – Luft	38°
Diamant – Luft	24°

I

Zustandsänderungen einiger Stoffe

Stoff	Schmelz-temperatur in °C	spezifische Schmelz-wärme in $\frac{kJ}{kg}$	Siede-temperatur (bei 1013 hPa) in °C	spezifische Ver-dampfungs-wärme in $\frac{kJ}{kg}$
Alkohol	−114	108	78,3	840
Aluminium	659	397	2447	10900
Blei	327	23,0	1750	8600
Diamant	ca. 3800	ca. 17000		
Eisen	1535	277	2730	6340
Glycerin	18,4	201	291	
Gold	1063	65,7	2707	1650
Kupfer	1083	205	2590	4790
Luft	−213		−194	205
Nickel	1453	303	2800	6480
Propan	−190		−42	426
Quecksilber	−38,9	11,8	357	285
Sauerstoff	−219	13,8	−183	213
Stickstoff	−210	26,0	−196	198
Wasser	0	334	100	2256
Wolfram	3380	192	ca. 5500	4350
Zink	420	107	907	1755
Zinn	232	59,6	2430	2450

Ausdehnungskoeffizient fester Stoffe (Längenänderung)
(zwischen 0 °C und 100 °C)

Stoff	α in $\dfrac{mm}{m \cdot K}$
Aluminium	0,024
Beton	0,012
Blei	0,029
Eisen	0,012
Gold	0,014
Kupfer	0,017
Messing	0,018
Nickel	0,013
Normalglas	0,009
Schienenstahl	0,0115
Silber	0,020
Zink	0,026
Zinn	0,027

Ausdehnung von Flüssigkeiten beim Erwärmen (bei 20 °C)

Stoff	Volumenzunahme bei Erwärmung um 1 K in cm³
1 l Alkohol	1,1
1 l Benzin	1,06
1 l Benzol	1,23
1 l Glycerin	0,50
1 l Heizöl	ca. 0,9
1 l Quecksilber	0,18
1 l Wasser	0,21

Spezifische Wärmekapazität einiger Stoffe
(bei 20 °C)

Stoff	c in $\dfrac{kJ}{kg \cdot K}$
Aluminium	0,89
Beton	0,84
Blei	0,13
Eisen	0,45
Glas	0,80
Glycerin	2,39
Glykol	2,43
Gold	0,13
Granit	0,75
Holz	ca. 1,5
Kork	ca. 1,9
Kunststoff (PVC)	1,3 bis 2,1
Kupfer	0,38
Luft	1,01
Marmor	0,80
Messing	0,38
Milch	3,9
Nickel	0,44
Platin	0,13
Plexiglas	1,4 bis 2,1
Sand	0,84
Silber	0,24
Spiritus	2,43
Stahl	0,42 bis 0,50
Styropor	1,5
Wasser	4,18
Wasserstoff	14,32
Ziegelstein	0,84
Zink	0,39
Zinn	0,23

I

PHYSIK

Spezifischer elektrischer Widerstand	
ρ in $\dfrac{\Omega \cdot mm^2}{m}$ ($\vartheta = 20\,°C$)	
Aluminium	0,027
Blei	0,208
Eisen	0,10
Germanium	900
Glas	10^{13}
Gold	0,022
Graphit	8,00
Kohle (Bürsten)	40
Konstantan	0,50
Kupfer	0,017
Messing	0,08
Nickel	0,087
Platin	0,107
Porzellan	10^{15}
Quecksilber	0,96
Silber	0,016
Silicium	10^3
Wolfram	0,055
Zink	0,061

Sprungtemperaturen einiger Supraleiter	
Stoff	T_c in K
Supraleiter 1. Art:	
Al	1,18
Cd	0,52
Hg (α)	4,15
Pb	7,20
Supraleiter 2. Art:	
Nb	9,46
V	5,30
Zn	0,9
Supraleiter 3. Art:	
Nb_3Al	17,5
V_3Si	17
Keramische Supraleiter (Hochtemperatursupraleiter):	
$YBa_2Cu_3O_7$	93
Bi-Sr-Ca-Cu-O	115
Tl-Sr-Ca-Cu-O	125

Bewertungsfaktoren zur Berechnung der Äquivalentdosis

Strahlung	Bewertungsfaktor q
Röntgenstrahlung	1
β-Strahlung	1
γ-Strahlung	1
langsame Neutronen	2 bis 5
schnelle Neutronen	5 bis 10
α-Strahlung	20

Chemische Elemente

Element	Symbol	Oz[1]	Element	Symbol	Oz[1]	Element	Symbol	Oz[1]
Actinium	Ac	89	Hahnium	Hn	108	Quecksilber	Hg	80
Aluminium	Al	13	Hafnium	Hf	72			
Americium	Am	95	Helium	He	2	Radium	Ra	88
Antimon	Sb	51	Holmium	Ho	67	Radon	Rn	86
Argon	Ar	18				Rhenium	Re	75
Arsen	As	33	Indium	In	49	Rhodium	Rh	45
Astat	At	85	Iod	I	53	Rubidium	Rb	37
			Iridium	Ir	77	Ruthenium	Ru	44
Barium	Ba	56	Joliotium	Jl	105	Rutherfordium	Rf	106
Berkelium	Bk	97						
Beryllium	Be	4	Kalium	K	19	Samarium	Sm	62
Bismut	Bi	83	Kohlenstoff	C	6	Sauerstoff	O	8
Blei	Pb	82	Krypton	Kr	36	Scandium	Sc	21
Bohrium	Bh	107	Kupfer	Cu	29	Schwefel	S	16
Bor	B	5				Selen	Se	34
Brom	Br	35	Lanthan	La	57	Silber	Ag	47
			Lawrencium	Lr	103	Silicium	Si	14
Cadmium	Cd	48	Lithium	Li	3	Stickstoff	N	7
Caesium	Cs	55	Lutetium	Lu	71	Strontium	Sr	38
Calcium	Ca	20						
Californium	Cf	98	Magnesium	Mg	12	Tantal	Ta	73
Cer	Ce	58	Mangan	Mn	25	Technetium	Tc	43
Chlor	Cl	17	Meitnerium	Mt	109	Tellur	Te	52
Chrom	Cr	24	Mendelevium	Md	101	Terbium	Tb	65
Cobalt	Co	27	Molybdaen	Mo	42	Thallium	Tl	81
Curium	Cm	96				Thorium	Th	90
			Natrium	Na	11	Thulium	Tm	69
Dubnium	Db	104	Neodym	Nd	60	Titan	Ti	22
Dysprosium	Dy	66	Neon	Ne	10			
			Neptunium	Np	93	Uran	U	92
Einsteinium	Es	99	Nickel	Ni	28			
Eisen	Fe	26	Niob	Nb	41	Vanadium	V	23
Erbium	Er	68	Nobelium	No	102			
Europium	Eu	63	Osmium	Os	76	Wasserstoff	H	1
						Wolfram	W	74
Fermium	Fm	100	Palladium	Pd	46	Xenon	Xe	54
Fluor	F	9	Phosphor	P	15			
Francium	Fr	87	Platin	Pt	78	Ytterbium	Yb	70
			Plutonium	Pu	94	Yttrium	Y	39
Gadolinium	Gd	64	Polonium	Po	84			
Gallium	Ga	31	Praseodym	Pr	59	Zink	Zn	30
Germanium	Ge	32	Promethium	Pm	61	Zinn	Sn	50
Gold	Au	79	Protactinium	Pa	91	Zirconium	Zr	40

[1] Oz = Ordnungszahl

I

Periodensystem der Elemente

Hauptgruppenelemente

Perioden	Ia	IIa	IIIa	IVa	Va	VIa	VIIa	VIIIa	Perioden
1	1,00797 $_1$ **H**							4,0026 $_2$ **He**	**1**
2	6,939 $_3$ **Li**	9,0122 $_4$ **Be**	10,811 $_5$ **B**	12,011 $_6$ **C**	14,007 $_7$ **N**	15,999 $_8$ **O**	18,998 $_9$ **F**	20,183 $_{10}$ **Ne**	**2**
3	22,990 $_{11}$ **Na**	24,312 $_{12}$ **Mg**	26,982 $_{13}$ **Al**	28,086 $_{14}$ **Si**	30,974 $_{15}$ **P**	32,064 $_{16}$ **S**	35,453 $_{17}$ **Cl**	39,948 $_{18}$ **Ar**	**3**
4	39,102 $_{19}$ **K**	40,08 $_{20}$ **Ca**	69,72 $_{31}$ **Ga**	72,59 $_{32}$ **Ge**	74,922 $_{33}$ **As**	78,96 $_{34}$ **Se**	79,909 $_{35}$ **Br**	83,80 $_{36}$ **Kr**	**4**
5	85,47 $_{37}$ **Rb**	87,62 $_{38}$ **Sr**	114,82 $_{49}$ **In**	118,69 $_{50}$ **Sn**	121,75 $_{51}$ **Sb**	127,60 $_{52}$ **Te**	126,90 $_{53}$ **I**	131,30 $_{54}$ **Xe**	**5**
6	132,90 $_{55}$ **Cs**	137,34 $_{56}$ **Ba**	204,37 $_{81}$ **Tl**	207,19 $_{82}$ **Pb**	208,98 $_{83}$ **Bi**	(209) $_{84}$ *****Po**	(210) $_{85}$ *****At**	(222) $_{86}$ *****Rn**	**6**
7	(223) $_{87}$ *****Fr**	(226) $_{88}$ *****Ra**							**7**

Legende:
- Metalle: Hauptgruppen, Nebengruppen, Lanthanoide. Actinoide
- Halbmetalle (Elemente mit metallischen und nichtmetallischen Eigenschaften)
- Nichtmetalle
- Edelgase

Pu Symbol in Kursivschrift: künstliches Element
* radioaktive Elemente
( ) Massenzahl des langlebigsten Isotops

C fest
Br flüssig
O gasförmig

Nebengruppenelemente

Periode												
4	44,956 $_{21}$ **Sc**	47,90 $_{22}$ **Ti**	50,942 $_{23}$ **V**	51,996 $_{24}$ **Cr**	54,938 $_{25}$ **Mn**	55,847 $_{26}$ **Fe**	58,933 $_{27}$ **Co**	58,71 $_{28}$ **Ni**	63,54 $_{29}$ **Cu**	65,37 $_{30}$ **Zn**	**4**
5	88,905 $_{39}$ **Y**	91,22 $_{40}$ **Zr**	92,906 $_{41}$ **Nb**	95,94 $_{42}$ **Mo**	(97) $_{43}$ *****Tc**	101,07 $_{44}$ **Ru**	102,90 $_{45}$ **Rh**	106,4 $_{46}$ **Pd**	107,87 $_{47}$ **Ag**	112,40 $_{48}$ **Cd**	**5**
6	138,91 $_{57}$ **La**	178,49 $_{72}$ **Hf**	180,95 $_{73}$ **Ta**	183,85 $_{74}$ **W**	186,2 $_{75}$ **Re**	190,2 $_{76}$ **Os**	192,2 $_{77}$ **Ir**	195,09 $_{78}$ **Pt**	196,97 $_{79}$ **Au**	200,59 $_{80}$ **Hg**	**6**
7	(227) $_{89}$ *****Ac**	(261) $_{104}$ *****Db**	(262) $_{105}$ *****Jl**	(263) $_{106}$ *****Rf**	(262) $_{107}$ *****Bh**	(265) $_{108}$ *****Hn**	(266) $_{109}$ *****Mt**				**7**

Lanthanoide (6. Periode)
Actinoide (7. Periode)

Periode															
6	140,12 $_{58}$ **Ce**	140,91 $_{58}$ **Pr**	144,24 $_{60}$ **Nd**	145 $_{61}$ *****Pm**	150,35 $_{62}$ **Sm**	151,96 $_{63}$ **Eu**	157,25 $_{64}$ **Gd**	158,92 $_{65}$ **Tb**	162,50 $_{66}$ **Dy**	164,93 $_{67}$ **Ho**	167,26 $_{68}$ **Er**	168,93 $_{69}$ **Tm**	173,04 $_{70}$ **Yb**	174,97 $_{71}$ **Lu**
7	232,04 $_{90}$ *****Th**	(231) $_{91}$ *****Pa**	238,03 $_{92}$ *****U**	(237) $_{93}$ *****Np**	(244) $_{94}$ *****Pu**	(243) $_{95}$ *****Am**	(247) $_{96}$ *****Cm**	(247) $_{97}$ *****Bk**	(251) $_{98}$ *****Cf**	(254) $_{99}$ *****Es**	(257) $_{100}$ *****Fm**	(258) $_{101}$ *****Md**	(259) $_{102}$ *****No**	(260) $_{103}$ *****Lr**

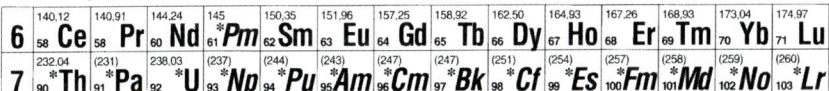

I

Halbwertszeiten und Zerfallsart radioaktiver Elemente

Actinium Ac-227	22 a	β	Polonium Po-215	$1,8 \cdot 10^{-3}$ s	α
Actinium Ac-228	6,1 h	β	Polonium Po-216	0,15 s	α
Astat At-215	$1 \cdot 10^{-4}$ s	α	Polonium Po-218	3 min	α
Astat At-218	2 s	α	Protactinium Pa-231	$3,4 \cdot 10^4$ a	α
Bismut Bi-210	5,0 d	β	Protactinium Pa-234	6,7 h	β
Bismut Bi-211	2,15 min	α	Radium Ra-223	11,4 d	α
Bismut Bi-212	60,6 min	β, α	Radium Ra-224	3,6 d	α
Bismut Bi-214	20 min	β	Radium Ra-226	1601 a	α
Blei Pb-209	3,3 h	β	Radium Ra-228	5,8 a	β
Blei Pb-210	22,3 a	β	Radon Rn-219	4,0 s	α
Blei Pb-211	36 min	β	Radon Rn-220	55 s	α
Blei Pb-212	10,6 h	β	Radon Rn-222	3,82 d	α
Blei Pb-214	27 min	β	Thallium Tl-207	4,8 min	β
Caesium Cs-137	30 a	β	Thallium Tl-208	3,10 min	β
Cobalt Co-60	5,26 a	β	Thallium Tl-210	1,3 min	β
Francium Fr-223	22 min	α	Thorium Th-227	18,5 d	α
Iod I-131	8,08 d	β	Thorium Th-228	1,91 a	α
Kalium K-40	$1,3 \cdot 10^9$ a	β	Thorium Th-229	$7 \cdot 10^3$ a	α
Kohlenstoff C-14	5730 a	β	Thorium Th-231	25 h	β
Neptunium Np-239	2,3 d	β	Thorium Th-232	$1,41 \cdot 10^{10}$ a	α
Plutonium Pu-239	$2,44 \cdot 10^4$ a	α	Thorium Th-234	24 h	β
Polonium Po-210	138,4 d	α	Tritium H-3	12,3 a	β
Polonium Po-211	0,5 s	α	Uran U-234	$2,5 \cdot 10^5$ a	α
Polonium Po-212	$3 \cdot 10^{-7}$ s	α	Uran U-235	$7,1 \cdot 10^8$ a	α
Polonium Po-214	$1,6 \cdot 10^{-4}$ s	α	Uran U-238	$4,5 \cdot 10^9$ a	α

I

Energieeinheiten und Energieträger

Umrechnungstabelle Energieeinheiten

	kJ	kcal	kWh	kg SKE	kg RÖE	m³ Erdgas
1 Kilojoule (kJ)	–	0,2388	0,000 278	0,000 034	0,000 024	0,000 032
1 Kilokalorie (kcal)	4,1868	–	0,001 163	0,000 143	0,000 1	0,000 13
1 Kilowattstunde (kWh)	3 600	860	–	0,123	0,086	0,113
1 kg Steinkohleneinheit (SKE)	29 308	7 000	8,14	–	0,7	0,923
1 kg Rohöleinheit (RÖE)	41 868	10 000	11,63	1,428	–	1,319
1 m³ Erdgas	31 736	7 580	8,816	1,083	0,758	–

1 eV $\triangleq$ 1,602 · 10−19 J; 1 J $\triangleq$ 6,242 · 1018 eV

Durchschnittliche Heizwerte verschiedener Energieträger

Energieträger	Heizwert in $\dfrac{kJ}{kg}$
Braunkohle	8 506
Braunkohlenbriketts	19 470
Brennholz (1 m³ = ca. 0,7 t)	14 654
Diesel/Heizöl leicht (1 l = ca. 0,85 kg)	42 704
Erdöl (roh)	42 622
Heizöl schwer	41 031
Motorenbenzin (1 l = ca. 0,7 kg)	43 543
Steinkohle	29 704
Steinkohlenbriketts	31 401

I

Rahmendaten für die Energieversorgung in Deutschland

	1990	1994
Wohnbevölkerung	79,3 Mill.	81,4 Mill.
Anzahl der Haushalte	35,2 Mill.	36,3 Mill.
Wohnungsbestand	33,8 Mill.	35,1 Mill.
Pkw/Kombi-Bestand	35,5 Mill.	39,8 Mill.
Erwerbstätige im Inland	37,4 Mill.	34,9 Mill.
Energieumsatz		
Primär je Kopf der Bevölkerung	181 GJ	172 GJ
Elektr. Energie je Kopf der Bevölkerung	7,12 MWh	6,91 MWh
Endenergie je Haushalt	71,0 GJ	66,1 GJ
Pkw Kraftstoff je 100 km	10,2 l	9,8 l

Primärenergieverbrauch nach Energieträgern	1990 PJ	%	1994 PJ	%
Mineralöl	5234	35,4	5677	40,5
Steinkohle	2307	15,6	2122	15,1
Braunkohle	3200	21,6	1861	13,3
Naturgas	2315	15,6	2591	18,5
Kernenergie	1448	9,8	1424	10,2
Wasserkraft	164	1,1	196	1,4
Sonstige	126	0,9	135	1,0
Gesamt	14795	100,0	14006	100,0

I

Primärenergieverbrauch nach Verbrauchern	1990 PJ	%	1994 PJ	%
Primärenergie	14795	100,0	14006	100,0
Verluste	4396	29,9	4042	28,9
Nichtenergetischer Verbrauch	958	6,7	964	6,9
Endenergie	9441	63,8	9000	64,3
– davon Industrie	2977	31,5	2447	27,2
– davon Verkehr	2379	25,2	2541	28,2
– davon Haushalte	2380	25,2	2400	26,7
– davon Kleinverbraucher	1565	16,6	1559	17,3
– davon Militär. Dienststellen	139	1,5	53	0,6

Quelle: „Energie Daten '95", Bundesminister für Wirtschaft, 53107 Bonn

Internationale Einheiten

1 inch (Zoll)	1 in	= 2,54 cm
1 foot	1 ft = 12 in	= 30,48 cm
1 yard	1 yd = 3 ft	= 91,44 cm
1 mile	1 m = 1760 yd	= 1609 m
1 acre		= 4047 m²

1 ounce	1 oz	= 28,35 g
1 pound	1 lb = 16 oz	= 453,6 g
1 quarter	1 qu = 28 lbs	= 12,70 kg

	englisch	amerikanisch
1 pint (liquid pint)	= 0,5683 l	= 0,4732 l
1 quart = 2 pints	= 1,1365 l	= 0,9464 l
1 gallon = 4 quarts	= 4,5461 l	= 3,7854 l

Nützliche Zahlen und Konstanten

Elementarladung	$e = 1,6021 \cdot 10^{-19}$ C	
Lichtgeschwindigkeit im Vakuum	$c = 299\,792\,458\,\dfrac{\text{m}}{\text{s}}$	Glas: $c \approx 1,9 \cdot 10^8\,\dfrac{\text{m}}{\text{s}}$
		Wasser: $c \approx 2,3 \cdot 10^8\,\dfrac{\text{m}}{\text{s}}$
Absoluter Nullpunkt der Temperatur	$\vartheta = -273,15\,°\text{C}$	entspricht $T = 0$ K

Erde
- Länge des Äquators   40 070,4 km
- Mittlerer Erdradius   6370,0 km
- Fallbeschleunigung g (Ortsfaktor) $9,80629\,(9,81)\,\dfrac{\text{m}}{\text{s}^2}$ Meereshöhe: ca. $9,78\,\dfrac{\text{m}}{\text{s}^2}$

    Äquator: ca. $9,83\,\dfrac{\text{m}}{\text{s}^2}$

- Mittlere Entfernung zur Sonne   149 500 000 km
- Mittlere Entfernung zum Mond   384 403 km
- Sonneneinstrahlung $1353\,\dfrac{\text{W}}{\text{m}^2}$ an der Erdatmosphäre (Solarkonstante)

    $1000\,\dfrac{\text{W}}{\text{m}^2}$ auf der Erde bei optimalen Bedingungen

    ca. $100\,\dfrac{\text{W}}{\text{m}^2}$ durchschnittlich in Deutschland

Sonne
- Radius   695 500 km
- Temperatur (Oberfläche)   5800 K
- Energieabgabe $4 \cdot 10^{26}\,\dfrac{\text{J}}{\text{s}}$

Flächen
- Deutschland   356 978 km²
- Bayern   70 546 km²

Auswahl der Schaltzeichen (Schaltsymbole)

	Batterie		Fotowiderstand
	Spannungsquelle		Diode
	Schalter		Leuchtdiode (LED)
	Wechselschalter		Fotodiode
	Glühlampe		Transistor
	Leiterverzweigung		Fotoelement, Fotozelle
	Strommesser (Amperemeter)		Spule
	Spannungsmesser (Voltmeter)		Transformator
	Oszilloskop		Kondensator
	Motor		Relais
	Generator (Dynamo)		Klingel
	Widerstand		Summer
	veränderbarer Widerstand mit Schleifkontakt (Potentiometer)		Mikrofon
	veränderbarer Widerstand		Kopfhörer
	Kaltleiter (PTC-Widerstand)		Lautsprecher
	Heißleiter (NTC-Widerstand)		Sicherung
			Erde

Farbcode für Widerstände

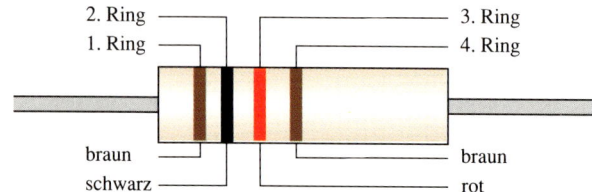

	1. Ring	**2. Ring**	**3. Ring**	**4. Ring**
schwarz	0	0		
braun	1	1	0	± 1 %
rot	2	2	00	± 2 %
orange	3	3	000	
gelb	4	4	0000	
grün	5	5	00000	
blau	6	6	000000	
violett	7	7		
grau	8	8		
weiß	9	9		
gold				± 5 %
silber				± 10 %

Fehlt der 4. Ring: ± 20 %

Beispiel: Der abgebildete Widerstand hat $1000\,\Omega \pm 1\%$ Fertigungsgenauigkeit (4. Ring). Er kann also 990 bis $1010\,\Omega$ haben.

Vielfache und Teile von Einheiten

Vorsatz	Giga-	Mega-	Kilo-	Hekto-	Deka-	Dezi-	Zenti-	Milli-	Mikro-	Nano-	Piko-
Vorsatzzeichen	G	M	k	h	D	d	c	m	µ	n	p
Faktor, mit dem die Einheit multipliziert wird	10^9	10^6	10^3	10^2	10^1	10^{-1}	10^{-2}	10^{-3}	10^{-6}	10^{-9}	10^{-12}

Stichwortverzeichnis

Abbildungen 58ff.
Abbildungsgesetze an Linsen 72
Abbildungsvorschrift 58ff.
Achsenspiegelung 58f.
Achsensymmetrie 26
Addition 8, 12
Additionstheoreme 30
Affinität, orthogonale 64
Affinitätsachse 64
Affinitätsfaktor 64
Ähnlichkeit 40
Aktivität 67
Amontons, Gesetz von 74
Ankathete 32
Äquivalentdosis 67
Äquivalenzumformungen 12
Arbeit 67
Archimedisches Gesetz 71
Assoziativgesetz 8, 55ff.
Asymptoten 22f.
Auftrieb in Flüssigkeiten und Gasen 71
Ausdehnung 84
Ausklammern 8
Ausmultiplizieren 8
Außenwinkelsatz 37

Basis
 – bei Logarithmen 11
 – bei Potenzen 9
Beschleunigung 66
Binomische Formeln 9
Boyle-Mariotte, Gesetz von 71, 74
Brechkraft 66
Brechungsgesetz 71
Brechzahlen 82
Bremsweg 70
Büschelpunkt 19

Chemische Elemente 86

Diagonalen 45ff.
diagonalsymmetrisch 45

Dichte 65, 81
Differenzmenge 7
Diskriminante 13f.
Distributivgesetz 8
Division 8, 10, 12
Drachenviereck 45
Drehmoment 65
Drehung 59f.
Drehwinkel 59f.
Drehzentrum 59
Dreieck
 – allgemeines 32
 – Flächeninhalt 38
 – gleichschenklig-rechtwinkliges 42
 – gleichschenkliges 42
 – gleichseitiges 42
 – rechtwinkliges 43
 – Schwerpunkt 39
Dreiecke 37
Druck 65, 73f.

Einheiten
 – Vielfache und Teile 94
 – internationale 91
Energie 67
 – Modellvorstellung 76
Energiedosis 66
Energieeinheiten 89
Energieformen
 – elektrische 78
 – mechanische 77
 – thermische 77f.
Energiestrom 67
Energieträger 89
 – Heizwerte 89
Energieversorgung, Rahmendaten 90f.
Exponent 9
Exponentialfunktionen 24

Flächeninhalt 38, 42f., 45ff.
freier Fall 70
Frequenz 66

Funktionen
– lineare 17f.
– quadratische 20
– trigonometrische 25
Funktionsgleichung 17ff.

Gasgesetz, allgemeines 74
Gasgesetze 73f.
Gay-Lussac, Gesetz von 73
Gegenkathete 32
Geraden, orthogonale 18
Geradenbüschel 19
Geradengleichung 19
Geschwindigkeit 66
Geschwindigkeit-Zeit-Gesetz 69
Gewichtskraft 65
Gleichungen 13f.
Gleichungssystem 12
Grundfläche 50ff.

Halbwertszeiten 88
Hebelgesetz 68
Höhensatz 43
Hook, Gesetz von 68
hydraulisches Prinzip 70
Hyperbel 17, 22
Hypothenuse 32

Innenwinkelsatz 37
Inversionsgesetz 12

Kathetensätze 43
Kommutativgesetz 8, 55ff.
Komplementbeziehungen 29
Kongruenz 40
Koordinaten, kartesische 31
Kosinus 28
Kosinusfunktion 26
Kraft 65
Kräfteparallelogramm 68
Kreis 34, 48
– Sektor 48
Kreisbogen 25, 48
Kreiskegel 53
Kreiszylinder 52
Kugel 53

Ladung, elektrische 66
Ladungsträger im Magnetfeld 75
Länge 65
Längenänderung
– mechanisch bewirkte 68
– thermisch bewirkte 73
Leistung 67
Linsengleichung 72
Logarithmus 11
– dekadischer 11
Logarithmusfunktionen 24f.
lotsymmetrisch 45

Mantelfläche 50ff.
Masse 65
Mittelparallele 35
Mittelsenkrechte 35, 39
Multiplikation 8, 10, 12

Nebenwinkel 33

Oberfläche 50ff.
Ohm, Gesetz von 74
Ortslinien 34ff.

Parabel 20ff.
Parallelenpaar 35
Parallelenschar 19
Parallelogramm 45
Parallelschaltung 75
Parallelverschiebung 61
Periodensystem der Elemente 87
Polarkoordinaten 31
Potenzen 9f.
Potenzfunktionen 21ff.
Prisma 50
Produktmenge 7
Proportionalität
– direkte 15f.
– indirekte 16f.
Prozentrechnung 16
Punktspiegelung 60f.
Punktsteigerungsform 18
Punktsymmetrie 27, 45
Pyramide 51f.
Pythagoras, Satz des 43

STICHWORTVERZEICHNIS

Quader 50
Quadrat 47
Quadratwurzel 10

Radikand 10
radioaktiver Zerfall 79
Radius 34, 36
Randwinkelsatz 36
Raumdiagonale 50f.
Raute 46
Rechteck 46
Reflexionsgesetz 71
Reibung 69
Reibungszahlen 82
Reihenschaltung 75

S-Multiplikation 55f.
Schallgeschwindigkeit 82
Schaltzeichen 93
Scheitel 20ff.
Scheitelwinkel 33
Scherung 63
Scherungsachse 63
Scherungswinkel 63
Schnittmenge 7
Schweredruck in Flüssigkeiten 70
Sehnensatz 48
Seitenhalbierende 39
Sekanten-Tangentensatz 48
Sekantensatz 48
Sinus 28
Sinusfunktion 26
Skalarprodukt 56
Spannung, elektrische 67
Spiegelachse 58
Spiegelzentrum 60, 63
Sprungtemperaturen von Supraleitern 85
Steigung 17ff.
Strecke, Mittelpunkt einer 33
Streckung, zentrische 55, 62
Streckungsfaktor 62
Streckungszentrum 62
Stromstärke, elektrische 66
Stufenwinkel 34
Subtraktion 8, 12
Supplementbeziehungen 29

Tangens 28
Tangensfunktion 27
Teilmenge 7
Temperatur 66, 73f.
Thaleskreis 36
Totalrefexion 72
– Grenzwinkel 82
Transformator 76
Transistor 76
Trapez 45

Vektor 54
– Betrag 55
Vektoraddition 55
Vektorkoordinaten 54
Vereinigungsmenge 7
Verschiebungsvektor 61
Vierecke 44ff.
– symmetrische 44
Vierstreckensatz 41
Vieta, Satz von 14
Volumen 50ff., 65, 73f.
Volumenänderung 73

Wärmekapazität, spezifische 84
Wärmelehre
– Erster Hauptsatz 78
– Zweiter Hauptsatz 79
Wechselwinkel 34
Weg-Zeit-Gesetz 69
Widerstand
– elektrischer 66, 74
– spezifischer elektrischer 85
Widerstände, Farbcode 94
Winkelhalbierende 39, 59
Wirkungsgrad 79
Würfel 51
Wurzelexponent 10
Wurzeln 10

Zahlen und Konstanten 92
Zeit 66
Zerfallsart radioaktiver Elemente 88
Zerfallsgesetz 79
Zerfallsreihen 79f.
Zustandsänderungen von Stoffen 83

STICHWORTVERZEICHNIS

Cornelsen

Best.-Nr. 531430

ISBN 3-464-53143-0

9 783464 531433